남는 건 ⊕ 사진뿐일지도 몰라

인생사진
찾아 떠나는
이색 국내 여행지 71

서영길 지음

동양북스

Collect 29

일러두기
이 책에 소개한 여행지 정보는 2024년 4월까지의 취재 내용을 바탕으로 합니다.
정확한 내용을 담고자 노력했으나 현지 상황에 따라 운영 시간, 입장료,
교통 정보 및 주차 가능 여부 등은 수시로 바뀔 수 있습니다. 되도록 여행을 떠나기 전,
방문 시 필요한 정보에 변동 사항이 있는지 확인하시기를 바랍니다.
변경된 정보가 있다면 확인해 중쇄 시 반영하겠습니다.

Prologue

거제도 섬에서 태어나 10대와 20대 초반,
10여 년을 운동선수로 보냈다. 2018년 제18회 자카르타-팔렘방
아시안게임이 끝날 무렵 국가대표 운동선수 생활을 마치게 되었다.
이후 흥미롭지 않은 평범한 삶에 사진이란 취미가 생겼고 여행이란
행복이 찾아왔다. 무작정 좋은 곳에 가서 좋은 사진을 담아야겠다는
마음으로 이 일을 시작한 게 어느덧 7년 전이다. 평생 업으로 삼고
싶은 사진작가라는 직업 덕분에 국내외 다양한 여행지들을 다니며
본격적으로 사진을 담았다. 길다면 길고 짧다면 짧은 그 기간에
책 한 권을 펴낼 수 있을 정도의 사진을 소장할 수 있었다.
그리고 2024년, 인생에 있어 꼭 한번 도전해 보고 싶었던
책 출간을 앞두고 있다.

≪남는 건 사진뿐일지도 몰라≫는 사진작가로 활동하며 만난
특별히 좋아하고 가장 마음에 들었던, 국내 여행지 71곳의
아름다운 장면을 꾹꾹 눌러 담은 책이다. 이 책에 수록한 사진과
글을 통해 많은 독자가 국내 여행지의 아름다운 장면을 조금 더 쉽게
마주할 수 있길 그리고 잠시나마 여행하는 기쁨을
만끽할 수 있길 바란다.

이 책 활용하기

《남는 건 사진뿐일지도 몰라》에는 이색 국내 여행지
총 120곳(함께 가면 좋은 곳 포함)이 저자 추천순으로 수록되어 있습니다.
순간을 담은 한 장의 사진만으로도 가보고 싶을 만큼 아름다운 국내 여행지들을
어떻게 하면 더욱 알차게 여행할 수 있을지,
지금부터 '이 책 100% 활용법'을 알려드릴게요!

01

지역별, 계절별, 월별, 테마별 추천 여행지를 소개합니다(10~15쪽).
오늘의 기분과 취향에 따라 가보고 싶은 여행지를 선택해 보세요.

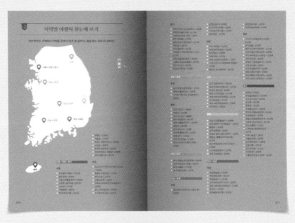

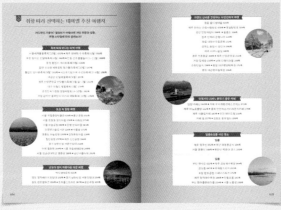

여행지의 세부 정보를 확인하고 계획을 세워보세요.

인생사진 tip!

우리나라 방방곡곡을 여행하며 누구나
인생사진을 찍을 수 있도록 사진작가인
저자가 소개하는 촬영 tip을 담았습니다.
남는 건 사진뿐! 추억이 듬뿍 담긴 프.사.각
인생사진 찾아, 떠날 준비되셨나요?
※저자가 사용한 촬영 장비: 카메라 (바디)
Sony A7M4, A7R5, A1, A9M3 (렌즈)
Sony 1635GM, 2470GM, 70200GM,
50GM/드론 DJI Mavic3, Mini3 PRO/
핸드폰 iPhone 12, iPhone 14

**부산
개금벚꽃길**

여행지 정보 기호 소개

🏠 주소　📞 전화번호
🕐 운영 시간 및 휴무일
※이 책에는 공원이나 산, 바다 등 우리나라의 자연을 체험하는
여행지가 다수 수록되어 있습니다. 이런 곳들은 대부분
연중무휴이면서 시간 제한 없이 24시간 무료로 갈 수 있는 곳이고
별도로 운영 시간과 휴무일, 입장료 등을 기재하지 않았습니다.
💰 입장료 (요금)　📷 홈페이지 또는 인스타그램 주소
📍 가는 방법 (대중교통)
※출발 지역이 모두 다르므로 기차 또는 시외/고속버스 기준,
소요 시간 위주로 가는 방법을 소개했습니다.
🅿 주차 정보

길찾기 QR코드

모든 독자가 조금 더 편히
길을 찾을 수 있도록
메인 스폿마다 QR코드를
넣었습니다. 스캔하면
네이버NAVER 지도로
연동되며, 길찾기를 통해
현위치에서 찾아가거나
거리 탐색, 경로 계획에
편하게 이용할 수
있습니다.

함께 가면 좋은 곳

지리적 접근성, 계절적
적합성을 고려해 함께 가면
좋은 곳도 소개했으니, 참고해
루트를 정하면 더욱 좋습니다.

Contents

인생사진 찾아 떠나는
이색 국내 여행지 71

지역별 여행지 한눈에 보기

내가 머무는 지역에서 가까운 곳부터 아주 먼 곳까지, 발길 닿는 대로 떠나보자!

강원

서울 • 인천 • 경기

경북

충남 • 충북

경북

대전 • 대구

전남 • 전북

부산 • 경남

제주

일 년 열두 달, 사계절 내내 국내 여행

벚꽃 명소, 단풍 명소, 설경 명소….
계절마다 달라지는 풍경을 따라 일 년간의 여행 계획을 세워보자!

봄

3월 부산 개금벚꽃길 018쪽 ⊛ 제주 대왕수천예래생태공원 068쪽
영도 청학배수지전망대 150쪽 ⊛ 거제 독봉산 웰빙공원 200쪽
북한산 백운대 코스 230쪽 ⊛ 구례 산수유마을 300쪽
<u>3월 말~4월 초 서산유기방가옥 수선화축제 196쪽</u>

4월 부천 원미산 진달래축제 060쪽
거제 무지개펜션에스프레소 072쪽
대전 카이스트 본원 154쪽 ⊛ 서울 응봉산 168쪽
인천 인스파이어 엔터테인먼트 리조트 192쪽
대구 이월드 234쪽 ⊛ 제주 신산공원 246쪽

5월 서울 천호동 장미마을 076쪽 ⊛ 남해 다랭이마을 238쪽

취향 따라 선택하는 테마별 추천 여행지

어디부터 가볼까? 결정하기 어렵다면 개인 취향과 상황,
여행 스타일에 따라 골라보자!

축제 따라 떠나는 이색 여행

서울세계불꽃축제(10월) 032쪽 ● 제주 현애원 수국축제(6월) 036쪽

부천 원미산 진달래축제(4월) 060쪽 ● 안동 선유줄불놀이(5~11월) 088쪽

문경 봉천사 개미취축제(9월) 100쪽

합천 신소양 체육공원 핑크뮬리축제(10월) 147쪽

불갑산 상사화축제(9월) 161쪽 ● 서산유기방가옥 수선화축제(3~4월) 196쪽

대금산 진달래꽃축제(4월) 207쪽

제주 산양큰엉곶 반딧불이축제(5월 말~7월) 212쪽

대구 이월드 벚꽃축제(3월) 234쪽

순천만국가정원 정원박람회(4~10월) 262쪽

거창 감악산 풍력단지 아스타 국화축제(10월) 276쪽

도심 속 힐링 여행

서울 국립중앙박물관 028쪽 ● 용산공원 031쪽

서울 천호동 장미마을 076쪽 ● 서래섬 079쪽

서울 하늘공원 080쪽 ● 은평 한옥마을 083쪽

의정부미술도서관 120쪽 ● 서울숲 171쪽

영종도 하늘정원 195쪽 ● 감천문화마을 228쪽

침산공원 237쪽 ● 제주 신산공원 246쪽

경기 남한산성 서문전망대 254쪽

수원 월화원 264쪽 ● 시흥 갯골생태공원 268쪽

서울 성균관대학교 명륜당 288쪽 ● 남산서울타워 291쪽

낮보다 밤이 아름다운 야경 여행

맥도생태공원 021쪽

영도 청학배수지전망대 150쪽 ● 경기 남한산성 서문전망대 254쪽

송도 센트럴파크 284쪽 ● 트리플스트리트 287쪽 ● 광한루원 303쪽

인생사진 찾아 떠나는
이색 국내 여행지 71

봄이 오면 일본으로 변하는

부산
개금벚꽃길

      매년 봄 많은 사람이 부산을 찾는 이유 중 하나라고 해도 될 만큼 벚꽃 명소로 알려진 개금벚꽃길. 요즘은 쉽게 보기 어려운 기와지붕, 그리고 일본의 작은 마을을 연상케 하는 색감을 지닌 오래된 주택이 늘어선 마을 골목 한편에 크게 벚나무가 자라나있다. 벚나무길의 규모가 큰 편이어서 벚꽃이 만개한 후 모두 떨어지기 시작할 때는 정말 엄청난 양의 벚꽃잎이 머리 위로 흩날리는 장관을 마주할 수 있다.

🏠 부산 부산진구 개금동 760-1

📍 기차 이용 시 부산역에서 택시로 25분, 대중교통으로 45분 거리
　　비행기 이용 시 김해국제공항에서 택시로 35분, 대중교통으로 45분 거리

🚌 주례초등학교 공영 주차장(유료)

　개금벚꽃길의 벚나무 아래에는 잘 정돈된 나무 데크길이 있어 어린아이들과 함께 오는 가족도 안전하게 사진을 찍을 수 있다. 또한, 이 나무 데크에 기대어 아래를 바라봤을 때의 개금벚꽃길이 가장 예쁘기도 하다.

　개금벚꽃길의 독특한 아치형 벚나무들은 오후 늦은 시간부터 노을빛을 받기 시작할 때 특히 아름답다. 새하얀 팝콘 같은 벚꽃잎들이 노을의 색을 머금어 붉은빛으로 변하는 순간, 개금벚꽃길의 진정한 모습을 마주할 수 있을 것이다.

함께 가면 좋은 곳

맥도생태공원

개금벚꽃길에서 차량으로 20분 거리

📍 부산 강서구 대저2동 1200-32 ☎ 051-941-9728
🅿 주차 가능(무료)

이곳 역시 벚꽃 명소다. 맥도생태공원의 벚나무들은
관리가 잘되어 매년 벚꽃이 무성하게 피어난다. 특히
야간에 가로등이 모두 켜지고 난 뒤 바라본 맥도생태공원
벚꽃길은 감탄을 자아낼 수밖에 없다. 일몰 시각까지
개금벚꽃길을 즐긴 후 야간에 맥도생태공원으로 가길
추천한다.

서해의 일몰을 색다르게 바라볼 수 있는

부안 채석강

수만 권의 책을 압축해서 쌓아놓은 듯한 층암절벽이 절경을 보여주는 채석강은 만조와 간조일 때 각각의 모습이 완전히 다르다. 만조일 때는 서해안의 파도가 절벽에 부딪혀 깨지는 모습을, 간조일 때는 채석강 위를 직접 걸으며 주변 일대를 구경할 수 있다. 만약 채석강을 방문할 계획이라면 간조 시간대를 추천한다. 이곳 채석강의 포토존인 해식동굴은 서해안의 일몰과 함께 인물 실루엣 사진을 찍기에 매력적인 곳이며, 특히 왼쪽 사진과 같은 장면은 간조 시에만 담을 수 있기 때문이다. 시간과 날씨를 꼭 확인하자.

🏠 전북 부안군 변산면 격포리 301-1
📠 063-582-7808
🔗 ibuan.co.kr/tour01
📍 버스 이용 시 격포터미널 하차 후 택시로 5분, 도보 20분 거리
🚌 주차 가능 ※만약 해식동굴 포토존에서만 촬영만 할 예정이라면 도보 5분 거리인
　　'격포유람선(전북 부안군 변산면 격포리 794-3)' 주차장 이용(무료)

채석강의 해식동굴은 핸드폰으로도 충분히 멋진 인물 실루엣 사진을 담아낼 수 있을 만큼 동굴 안과 밖의 대비가 강한 편이다. 보통, 촬영하는 사람은 동굴 안에 들어가서 대기하고 사진에 담길 사람은 벽면을 타고 올라가 바위 위에 앉거나 서서 자리를 잡는데 이때, 인물과 바위의 경계가 모호해 아쉬울 수 있다. 그럴 때는 조금 과장된 포즈를 잡아보자.

채석강을 거닐 땐 무엇보다 안전에 유의해야 한다. 밟고 걸어 다닐 수 있는 바위는 대부분 파도가 들어왔다 나가는 곳으로 이끼가 끼어있고 바닷물이 고여있어 미끄러운 곳이 많다. 자칫 넘어져 큰 사고가 발생할 수 있으니 이동 시 필히 주의하자.

자연이 만든 놀이터

정읍
솔티
생태숲

　　국립공원으로 지정된 내장산 자락의 솔티마을 숲으로 생태자원을 체험할 수 있는 국가생태관광지로 지정되었다. 피톤치드를 내뿜는 소나무숲과 입구에서부터 만나볼 수 있는 대나무 군락지가 상당히 매력적이다. 이곳은 어린이들을 위한 생태숲이기도 하다. 자연 친화적 공간으로 잘 조성된 솔티숲 생태 놀이터에서 트리하우스, 집라인, 전망대 등 아이들에게 맞는 자연친화적 공간을 만나볼 수 있다.

🏠 전북 정읍시 송죽길 25
📋 063-536-0773
🗺 solti.or.kr
📍 대중교통을 이용하기 어려운 곳이므로 자가용 또는 렌터카 이용 추천
　　(기차 이용 시 정읍역에서 택시로 20분 거리)
🅿 송죽마을 경로당 앞 주차 가능(무료)

📷 인생사진 tip

● 솔티숲 입구 대나무숲은 풍성한
초록색으로 인물 사진을 촬영하기에
매우 좋다. 앵글을 밑에서 위로 향하게
한 후 대나무 배경이 잘 표현될 수
있도록 구도를 잡아보자.

솔티생태숲은 내장산 능선이 보이는 총 3개의 산책길 코스로 나뉘어져 있는데, 개인적으로 추천하는 코스는 2개다. 내장산 능선을 구경할 수 있도록 길이 만들어져 있는 솔티숲 옛길 코스와 월영습지 탐방로 코스다. 신기하게도 솔티숲은 송죽마을 주민들이 직접 가꾸고 운영하고 있다고 한다. '에코 버딩', '초록 원정대' 등 전문성 있는 다양한 프로그램도 준비되어 있으니 아이들과 함께 방문해 보자.

서울 국립중앙박물관

역사와 문화가 살아 숨 쉬는 감동의 공간 국립중앙박물관은 계절별로 다양한 모습을 만날 수 있는 실내 데이트 장소로도 유명하다. 하루에 전부 둘러보기 어려울 정도로 규모도 큰 편이다. 전시관 쪽으로 걸어가다 보면 남산서울타워 배경으로 사진을 찍을 수 있는 포토 스폿 계단을 만나게 된다. 빛의 방향에 따라 사랑스러운 실루엣 사진을 담아낼 수 있으니 연출을 조금 해서 프러포즈 장면 같은 특별한 모습들을 담아보자. 촬영자는 광장 중앙에, 사진에 담기는 사람은 계단 가장 높은 곳에 올라서서 찍으면 된다.

🏠 서울 용산구 서빙고로 137
📧 02-2077-9000
🕐 월, 화, 목, 금, 일요일 10:00~18:00/수, 토요일 10:00~21:00
　입장 마감 폐관 30분 전　휴무일 1월 1일, 명절
　박물관 나들길 개방 07:00~23:00(휴관 시 미개방)
　상설 전시실 휴식일 매년 4월, 11월 첫째 주 월요일
💰 무료(특별 전시 유료)
📍 서울지하철 4호선·경의·중앙선(문산-용문) 이촌역 2번 출구에서 도보 15분 거리
🅿 주차 가능(유료)

 인생사진 tip

● 실루엣 촬영 시 햇빛이
강하지 않은 오후 시간대 방문을
추천한다. 햇빛이 강하면 계단
중간 부분에서 촬영할 때 인물이
그림자에 가려질 수 있다. 배경에
조금 더 중점을 두고자 한다면
앉은 포즈나 사선으로 바라보는
모습으로 촬영해 보자.

계단 너머로는 국방부, 북한산, 교육청, 남산서울타워를 한눈에 바라볼 수 있고 남산 뷰의 반대 방향으로 시선을 돌리면 마치 사람들이 미니어처 장난감처럼 움직이는 모습이 또 하나의 귀여운 포인트이다. 국립중앙어린이박물관은 별도의 예약이 필요하지만, 국립 중앙박물관의 상설 전시는 예약 없이도 관람이 가능하여 즉흥적으로 방문하는 사람들에게도 볼거리를 제공한다. 전시관으로 들어가는 길에 '박물관 건물의 모습이 커다란 못에 비친다' 하여 이름 지어진 거울못과 청자정을 볼 수 있는데 그 주변이 산책하기 매우 좋게 되어있다. 또한, 용산가족공원이나 노들섬 같은 서울의 대표 여행지가 가까이 있어 여러 코스를 묶어서 여행하기 좋다.

함께 가면 좋은 곳

용산공원
국립중앙박물관에서 도보로 12분 거리

📍 서울 용산구 용산동4가 14　☎ 070-4224-1708
🕐 화~일요일 09:00~18:00(입장 마감 17:00)
휴무일 월요일, 1월 1일　💰 무료　🅿 용산가족공원 주차장 이용(유료)

국립중앙박물관과 멀지 않아 도보로도 충분히 이동할 수
있고 예약 없이 무료로 입장할 수 있다. 미군용 시설을
구경할 수 있으며, 영문 표지판들에서 느껴지는 이국적인
분위기에 우리나라 사계절이 녹아있어 색다른 매력이
있다. 건물 색감과 대비되는 자연의 색감이 카메라에
담기에 아름다워 늘 방문객의 발걸음이 끊이지 않는다.

불꽃축제 명당 추천

● 여의도 한강공원 골든티켓존(유료),
노들섬(입장 팔찌 배부, 1인 1좌석 가능,
오전 10시부터 입장), 노량진 사육신
역사공원, 노량진 수산 시장, 서래섬,
선유도공원, 이촌 한강공원(북쪽)

국내에서 제일 화려한 축제

서울세계불꽃축제

일 년 중 단 하루만 볼 수 있는 특별한 축제가 있다. 한화그룹에서 2000년부터 사회 공헌 사업으로 꾸준히 진행해 온 서울세계불꽃축제다. 대한민국에서 가장 큰 불꽃축제로 알려진 한화 서울세계불꽃축제는 매년 한여름 밤 서울에서 열린다. 세계적인 실력의 불꽃 전문 기업들을 초청하여 다채로운 불꽃놀이를 보여줘 그 인기가 가히 폭발적이다.

🏠 서울 영등포구 여의도동 한강공원 일대
🕐 매년 홈페이지(한화 또는 한국관광공사)에서 확인 가능
🎫 여의도 한강공원 골든티켓존 제외 무료
📍 여의도 한강공원 서울지하철 5호선 여의나루역 3번 출구에서 도보 5분
🚌 불꽃놀이 관람 장소에 따라 상이(가급적 대중교통 이용을 추천)

서울세계불꽃축제는 불꽃만 터트리는 축제가 아니다. 63빌딩, 원효대교와 한강대교, 한강 위에서 멀티미디어 불꽃쇼가 동시에 진행된다. 멀티미디어 불꽃쇼는 불꽃과 음악 그리고 레이저 연출을 결합한 쇼이다. 매해 백만 명에 가까운 시민들이 모여 이 축제를 즐기고 있기 때문에 이날만큼은 한강 근처 어디든 사람이 넘쳐나고 통행이 불편하다. 좋은 자리에서 조금이라도 편안하게 구경하고 싶다면 움직일 수 있는 가장 빠른 시간에 움직여 자리를 잡자. 실제로 명당이라고 불리는 자리들은 축제 전날 밤에 와서 자리를 잡고 있는 경우도 있을 정도다. 차량 통행 제한, 일부 대중교통 무정차 통과로 접근이 어려울 수 있어 더더군다나 사람이 몰리기 전 이른 시간에 출발하는 걸 추천한다.

불꽃놀이를 잘 찍기 위한 추천 장비

- 장노출이 가능한 DSLR 또는 미러리스 카메라
- 강한 바람과 잔진동을 잡아줄 수 있는 튼튼한 삼각대
- 무선 또는 유선 릴리즈(카메라에 손을 얹지 않고 리모컨으로
  셔터를 눌러주는 액세서리)
- (가능하다면) 16mm 이하의 광각 줌 렌즈 추천

불꽃놀이를 잘 담을 수 있는 카메라 세팅 추천 촬영 장비 Sony A7M4+SEL1635GM 기준

- 장시간 촬영 시 노이즈 감소 기능 OFF, 손 떨림 방지 기능 OFF
- ISO 세팅 100~400 사이
  (단, 노이즈 감소가 좋은 미러리스 카메라들은 ISO를 100으로 고정할 필요가 없음)
- 조리갯값 F8 이상
  (F11을 넘기면서부터 약간씩의 화질 저하가 보여 F8~F11 사이 세팅 권장)
- 후반 작업이 가능하다면 화이트밸런스는 자동,
  후반 작업이 없다면 4600~5100 사이 고정
- 릴리즈 및 리모컨이 있을 경우 촬영 모드는 벌브 모드(무제한), 없다면 1초에서 6초
  사이를 추천, 높이 올라가는 폭죽의 경우 10초 이상 셔터를 열어둘 경우가 생길 수 있음

몽환적인 수국길을 걸을 수 있는

제주 현애원

6월 중순 초여름철부터 7월 초까지 제주도를 여행한다면 꼭 한 번 현애원에 들러 수국축제를 즐겨봤으면 좋겠다. 2만 평이나 되는 현애원의 일부 구간에 위치한 수국꽃밭은 규모도 큰 편인 데다가 인공적으로 물안개를 만들어 몽환적인 분위기를 연출한다. 참고로 이 물안개는 수국에 물을 줄 때 나오는 것이라고 하니 시간을 특정할 수 없다. 방문하기 전에 미리 현애원 사장님께 여쭤보는 것이 가장 안전한 방법이다.

🏠 제주 서귀포시 성산읍 산성효자로114번길 131-1 1층(카페 옆 정원)

📠 070-7768-2200

🕐 매일 10:00~18:00

🏧 성인 10,000원/청소년·경로 우대(65세 이상) 7,000원/어린이 5,000원
　※음료 1잔 무료, 어린이 감귤주스 1잔 무료

📷 instagram.com/jeju_hyunaewon

📍 제주국제공항에서 차량으로 1시간 10분, 대중교통으로 1시간 40분 거리

🚗 주차 가능(무료)

요정나무라 불리는 포토 스폿과 수국동산, 해바라기밭 그리고 정원 뷰의 카페가 자리 잡고 있어 초여름 제주 여행 코스 중 하나로, 인물 사진 남기기 좋은 여행지로 추천한다.

수국은 만개한 후 2주 정도가 지나면 모두 시들어버린다. 햇빛을 강하게 받은 것들은 그보다 더 일찍 시드는 등 며칠만 놓쳐도 수국은 색을 잃거나 시들시들해질 수 있으니 꼭 알맞은 시기에 방문하는 게 좋다.

유채꽃재배단지

현애원에서 차량으로 10분 거리

⊙ 제주 서귀포시 성산읍 고성리 270
🅿 유채꽃재배단지 옆 공영 주차장 이용(무료)

성산일출봉과 광치기해변 근처에 위치한
유채꽃재배단지는 매년 4월이 되면 노란색으로 물든다.
노란 유채꽃이 매력적인 곳이지만, 진짜 매력 포인트는
바로 성산일출봉 배경으로 촬영할 수 있다는 점이다.
관광객들이 즐길 수 있게 매년 무료로 열어두고 있으며
정돈된 유채꽃밭에서 사진을 찍을 수 있어 남녀노소
누구나 가볍게 방문하기 좋은 스팟이다.

가을 단풍을 정말 멋있게,
겨울 설경을 정말 특별하게

단양
구인사

가을을 정말 멋있게, 겨울을 정말 특별하게 담고 싶다면 주저하지 말고 소백산 연화
봉 자락에 위치한 구인사를 가자. 현대식 콘크리트로 지어진 여러 채의 한옥 전각이 우리를
맞이하는 우리나라에서 제일 큰 규모의 사찰을 볼 수 있다. 산세가 험한 골짜기에 지어진
만큼 사찰로 향하는 발걸음은 상당히 힘들고 어렵다. 그러나 가장 높은 곳에 위치한 대웅전
에 다다랐을 때! 비로소 보상을 받는 듯한 풍경을 마주하게 된다.

⊙ 충북 단양군 영춘면 구인사길 73
☎ 043-423-7100
Ⓚ guinsa.templestay.com
⊙ 대중교통을 이용하기 어려운 곳이므로 자가용 또는 렌터카 이용 추천
　(버스 이용 시 구인사 정류소 하차 후 도보 20분)
⊜ 주차 가능(유료) ※주차 후 유료 셔틀버스(3분) 또는 도보(15분) 또는 택시(2분)로
　구인사 정류소까지 이동해야 함. 셔틀버스는 20분 간격으로 상행만 운행(운행 시간 09:00~17:15)

어떤 말로도 구인사의 가을과 겨울 풍경을 백 프로 설명할 수 없을 것 같다. 직접 경험하길 바라며, S자 모양의 산골짜기를 따라 지어진 현대식 한옥 전각의 모습은 대한민국에서 구인사가 유일하지 않을까 하는 조심스러운 생각을 내뱉어본다. 드론과 같은 특수 촬영 장비를 이용하면 구인사를 더욱 멋지게 담아낼 수 있다.

구인사에는 소원을 들어주는 여러 탑이 존재한다. 그중 가장 유명한 '코끼리탑'은 정성껏 불공을 드린 후 코끼리 상아를 쓰다듬으면 소원을 이루어준다고 하니 중간에 놓치지 말고 소원을 빌어보자. 또한, 연등 만들기와 템플스테이 같은 여러 체험 행사도 열리니 기회가 된다면 참여해 봐도 좋겠다.

아마도 가장 높은 곳에 있는 대웅전까지 가기에는 조금 아니 어쩌면 많이 힘들 것이다. 경사가 워낙에 가파르면서 반복된 계단을 따라 올라가야 하기에 만약 걸어서 대웅전까지 갈 예정이라면 정보를 충분히 찾아보기를 추천한다.

36°N 12U°E 600M SANN

함께 가면 좋은 곳

카페산
구인사에서 차량으로 30분 거리

충북 단양군 가곡면 두산길 196-86 ⊙ 010-8288-0868
평일 09:30~19:00/주말 및 공휴일 09:30~19:30
(라스트 오더-마감 30분 전) 주차 가능(무료)

카페산만의 특별한 남한강 뷰와 눈앞에서 즐기는
패러글라이딩 그리고 패러글라이딩 명소다운 실내
인테리어까지! 한 곳에서 다양한 공간을 경험하고 추억을
쌓을 수 있다. 패러글라이딩하는 곳인 만큼 정말 높은
고도에 위치해 멋진 풍경은 물론이고, 매일매일 노을의
색다른 모습을 가장 먼저 그리고 가장 늦게까지 바라볼 수
있는 곳이다.

제주 금능해수욕장

　　제주도에서 제대로 된 일몰을 구경하고 싶다면 금능해수욕장만큼 완벽한 곳이 없지 않을까 싶다. 물론 제주도에는 워낙 좋은 곳이 많아 이런 말이 조심스럽기는 하지만 말이다. 금능해수욕장은 다른 바다와 다르게 썰물 때 바닷물이 엄청나게 빠져 새로운 해수욕장이 생긴 것처럼 이색적인 모습을 보여주며 동시에 바닷물에 하늘이 반영된 사진을 찍을 수 있는 포토 스폿이 된다. 일몰 인물 스냅 사진을 찍을 때 제일 먼저 추천할 만큼 좋은 기억을 가진 곳이다.

🏠 제주 제주시 한림읍 금능리
📋 064-728-3983
📍 visitjeju.net
📍 제주국제공항에서 차량으로 50분, 제주시 버스터미널에서 대중교통으로 1시간 10분 거리
🚌 협재해수욕장1주차장 또는 금능해수욕장 주차장 이용(무료)

📷 **인생사진 tip**

● 물이 빠지는 시간에 방문하면 미처 바닷물이 빠져나가지 못하고 고여있는 웅덩이들이 있다. 여기에서 노을이 반영된 사진을 찍어보자.

당연하게 일몰은 동쪽보다 서쪽인 금능에서 바라보는 것이 훨씬 더 아름답다. 또 금능에서는 비양도를 배경으로 촬영할 수도 있고, 하늘 위로 오가는 수많은 비행기와 함께, 독특한 패턴의 화강암 바위 위에서 등 인생사진을 찍을 수 있는 포인트가 많다. 금능은 일몰도 아름답지만, 낮에도 푸른 바다, 투명한 바다를 구경할 수 있는 제주의 대표적인 해수욕장이며 캠핑이 가능해 캠퍼들에게도 인기 있는 여행지다. 다만 바닥이 화강암인 곳이 많아 수영하기에는 다소 위험하니 주의하자.

금오름
금능해수욕장에서 차량으로 15분 거리

◉ 제주 제주시 한림읍 금악리 산1-1 ◉ 주차 가능(무료)

서쪽 오름 중 가장 일몰을 구경하기 좋은 오름으로 정상에
큰 연못이 있어 '작은 연못을 품은 오름'이라고도 불린다.
정상에 올라서면 연못 주변으로 말들이 노는 모습도 볼 수
있으며 제주도 서쪽의 모든 곳이 한눈에 바라다보인다.
저 멀리 펼쳐진 바다와 신창풍차해안도로까지 보일
정도이다. 이렇게만 말하면 되게 높은 오름 같지만 약
15분 만에 올라갈 수 있는 접근성 좋은 오름이라 더욱
추천하고 싶다.

📷 **인생사진 tip**
● 메타세쿼이아숲 안에 길게
뻗은 길을 배경으로 걸어오는
모습을 찍어보자. 가을의
계절감과 이 장소의 높이감이
잘 나오도록 주변에 있는
메타세쿼이아와 단풍나무들을
함께 담으면 인생사진을 남길 수
있다.

걷기 좋고 아름다운 가을 여행지

청주 청남대

　　오래전부터 대통령이 이용했던 휴가지답게 큰 규모의 별장과 잘 정돈된 길이 있는
청남대는 사계절 내내 아름답기로 소문난 곳이지만 개인적으로는 가을 풍경이 가장 아름
답다고 생각한다. 길쭉하게 뻗은 메타세쿼이아숲길과 꽃들이 가득한 기분 좋은 산책로 그
리고 가을에만 열리는 국화축제까지 볼 수 있다. 주변으로는 대청호가 있어 들어가는 순
간부터 청남대 곳곳에서 넓은 호수 경치를 즐길 수 있다. 워낙 크고 잔잔한 호수이다 보니,
멍하게 가만히 앉아 구경하기 좋은 곳도 많다.

🏠 충북 청주시 상당구 문의면 청남대길 646

📧 043-257-5080

🕐 화~일요일 09:00~18:00 휴무일 매주 월요일, 1월 1일, 명절 당일
　※4~5월, 10~11월은 월요일 휴무 없이 매일 입장 가능

💰 성인 6,000원/초등학생·경로 우대(65세 이상) 3,000원/
　중·고등학생 및 군인 4,000원/국가유공자·장애인·임신부·만 6세 이하 영유아 무료

🌐 chnam.chungbuk.go.kr

📍 대중교통을 이용하기 어려운 곳이므로 자가용 또는 렌터카 이용 추천
　가을 축제 기간 중 주말에만 이용할 수 있는 방법! 신탄진 기차역에서 43번 마을버스 탑승 ▶ 문의 종점
　하차 ▶ 302번 버스 탑승 후 청남대 정류장 하차
　※302번 버스는 토·일 임시 운행 버스이며 청남대까지 직통으로 무정차 운행됨
　(문의 종점에 '청남대 문의 매표소'가 있어 입장료 결제 및 시내버스, 택시 이용 가능)

🅿 주차 가능(유료)

청남대에서는 곳곳에서 대통령들의 흔적을 확인할 수 있다. 그뿐만 아니라 대한민국 임시정부기념관이나 대통령역사문화관 등 다양한 의미를 가진 가치 있는 건물도 많다. 단시간에 전부 찾아보기 어려워 안내 해설사가 있을 정도이니 원한다면 자세하게 설명을 들으며 청남대를 관람해 보자.

만약 가을에 청남대를 온다면 메타세쿼이아숲을 꼭 찾아가야 한다. 조금 안쪽에 위치해 입구에서 다소 멀지만, 잘 조성된 은행나무와 메타세쿼이아숲길을 걸을 수 있으며 옆으로는 음악 분수가 춤추고 있어 풍경이 정말 예쁘다. 멀지 않은 곳에 자리한 '청남대 무장애 나눔길'의 단풍도 예쁘니, 가을에 방문한다면 함께 들러보기를 추천한다.

함께 가면 좋은 곳

말티재전망대
청남대에서 차량으로 50분 거리

📍 충북 보은군 장안면 장재리 산4-14 ☎ 043-540-4432(속리산 휴양사업소) 🕐 매일 09:00~17:30(단, 기상 악화 시 전망대 출입 통제) 💲 무료 🅿 백두대간 속리산 관문 주차장 이용(무료)

숲과 도로가 함께 어우러진 열두굽이의 S자 도로를 한눈에 바라볼 수 있다. 말티고개 특유의 모습과 단풍을 보기 위해 가을철에는 해마다 많은 사람이 방문하여 주말이나 공휴일에는 장시간 대기해야 할 경우도 생긴다. 해가 짧은 계절에는 산 능선 너머로 지는 해를 구경할 수도 있다.

천국의 계단으로 유명한
제주
영주산

　　오름에 가깝다고 여겨질 정도로 경사가 완만한 산으로 제주살이 할 때 일출을 구경하러 가장 자주 방문했던 곳이다. 특히 정상 도착 15분 전쯤 보이기 시작하는 무지개 계단이 유명한데, 이 계단에서 위를 올려다보면 마치 하늘과 맞닿을 듯, 하늘까지 이어진 것처럼 보인다. 그 장면이 매우 아름다워 천국의 계단이라고 불릴 정도다.

　　영주산을 올라가는 길은 총 두 개의 코스가 있다. 먼저, 영주산 정상까지 직진으로 올라갈 수 있는 '정상길'은 왕복 40분 정도가 소요된다. 그리고 왕복 1시간 10분 정도가 소요되는 '둘레길' 코스는 조금 더 돌아가지만 나름 가벼운 산행을 할 수 있다.

🏠 제주 서귀포시 표선면
☎ 064-760-4413
📍 대중교통을 이용하기 어려운 곳이므로 자가용 또는 렌터카 이용 추천
　　(제주국제공항에서 차량으로 1시간, 대중교통으로 1시간 15분 거리)
🅿 주차 가능(무료)

신선이 살았던 산이라는 뜻으로 이름 지어졌다는 설이 있는 영주산은 말굽 형태의 기생화산이다. 해발 326m, 높이 176m로 주변에 막힌 곳이 아예 없어서 탁 트인 경치를 마음껏 구경할 수 있다. 겨울을 제외하고 영주산 곳곳에는 소들이 자유롭게 방목되어 있어 이국적인 제주의 모습도 마주할 수 있다.

정상에 다다른 순간, 서귀포의 여러 산과 오름 중 가장 아름다운 경치를 가진 곳에 올라왔다는 걸 누구나 느낄 것이다. 그중 가장 빼어난 경관은 한라산을 기점으로 보이는 대략 15개 이상의 크고 작은 오름들이다. 우리에게 잘 알려진 용눈이오름, 백약이오름, 성산일출봉도 있다. 이런 풍경 덕분에 제주의 알프스라는 별명을 가지고 있기도 하다.

함께 가면 좋은 곳

유채꽃프라자
영주산에서 차량으로 20분 거리

제주 서귀포시 표선면 녹산로 464-65 064-787-1665
24시간. 단, 유채꽃프라자 건물은 매일 09:00~17:30 무료
주차 가능(무료)

제주 동쪽 억새 군락지로 초입에서부터 유채꽃프라자
건물까지 끊임없이 억새들이 이어져있다.
농촌체험연수원이지만 봄, 여름, 가을의 이국적인
풍경으로 더 많이 알려졌다. 초가을부터 초겨울까지
꽤 긴 시간 동안 높이 자란 억새들을 마주할 수 있으며
풍력발전기와 억새 그리고 푸른 하늘을 배경으로 인물
사진과 풍경 사진을 찍기 좋다. 게다가 무료 전망대에
올라 억새 군락지를 바라보면 시원시원한 경치로
스트레스가 확 풀리는 기분까지 받아갈 수 있다.

📷 풍경 사진 tip

● 만약 풍경을 제대로 담고
싶다면 힘들더라도 무조건
관음사탐방로를 선택할 것!
한국판 스위스로 불릴 만큼
아름다운 능선과 설경을
자랑하는 곳이라서 이색적인
풍경을 포착할 수 있다.

눈 덮인 설경 명소

제주의 겨울 한라산 관음사탐방로

　　우리나라에서 설경을 제대로 보고 싶다면 겨울 한라산 등반에 꼭 도전해 보자. 단, 가장 높은 산인 만큼 산행은 무척이나 힘들다. 왕복으로 7시간에서 길면 12시간까지 걸리는 한라산 관음사탐방로는 사람의 체력을 극한까지 몰아붙이지만, 겨울에 펼쳐지는 눈 내린 풍경은 그 어느 곳보다 아름다워 감탄을 자아낸다.

🏠 제주 제주시 산록북로 588

📧 064-756-9950

🕐 동절기(10~3월) 05:00부터 입산 가능, 관음사탐방로 입구 11:30부터 탐방 통제,
　　삼각봉대피소 11:30부터 정상 탐방 통제
　　하절기(4~9월) 05:00부터 입산 가능, 관음사탐방로 입구 12:30부터 탐방 통제,
　　삼각봉대피소 12:30부터 정상 탐방 통제

💰 무료

🅡 visithalla.jeju.go.kr

📍 제주국제공항에서 택시로 30분, 대중교통으로 1시간 거리

🚌 관음사지구 탐방지원센터 주차장 이용(유료)

제주도 날씨 특성상 구름이 한라산에 걸려 있는 경우가 많아 눈이 예보된 날은 대부분 폭설이 내릴 정도라서 겨울에는 입산 제한도 많이 걸리는 편이다. 그렇기에 설경을 보기 위해 한라산 산행을 할 때는 꼭 안전하게 겨울 등산 장비를 잘 챙겨야 한다.

백록담을 구경할 수 있는 대표 등산 코스는 관음사탐방로와 성판악탐방로 두 개다. 두 등산 코스를 가볍게 설명하자면 관음사탐방로는 길이 험한 대신 풍경이 아름답고 성판악탐방로는 길이 완만한 대신 코스가 더 길고 다소 비슷한 풍경이 이어지는 편이다. 이러한 특징을 고려해 자신의 체력과 등산 실력에 맞춰 코스를 선택하는 게 좋겠다.

한라산 등반의 하이라이트는 풍경일 수도 있지만, 개인적으로는 정상에서 먹는 라면이 정말 기가 막힌다고 생각한다. 산행 시 라면과 요깃거리를 챙겨 정상에서 간식 시간을 꼭 가지면 좋겠다.

영실탐방로

- 제주 서귀포시 영남동 ☎ 064-747-9950(영실지소)
- 동절기(10~3월) 05:00부터 탐방 가능, 14:00부터 입산 통제
- 무료 ⊙ 영실탐방 안내소 주차장 이용(유료)

산행 시간에 비해 풍경이 아름답기로 유명하다. 편도
2시간 30분의 짧은 코스로 초보자들도 쉽게 오를 수 있는
난도다. 한라산 정상 코스가 조금 버겁거나 짧게 산행을
끝마치고 싶을 때 적절하다. 대부분 윗세오름대피소에서
하산하지만, 체력이 괜찮다면 남벽분기점까지 꼭 걸어가
보길 추천한다. 깎아지르는 한라산의 예술적인 남벽을
보다 가까이서 볼 수 있어 영실탐방로의 매력을 한층 더 잘
느낄 수 있다.

분홍빛 천국

부천 원미산
진달래축제

부천시의 3대 봄꽃 축제인 원미산 진달래축제를 소개한다. 매년 4월 초가 되면 높이 167m 작은 산의 3분의 1 이상이 분홍빛 진달래꽃으로 뒤덮인다. 초입부터 안쪽까지 모든 곳이 포토존이지만 메인 스폿이라고 불리는 곳은 따로 있다. 이른바 계단 스폿인데, 마치 진달래꽃밭 속에 나 홀로 들어가 있는 듯한 모습을 연출할 수 있다. 해당 스폿은 입구에서 왼쪽 길을 따라 쭉 걸어 들어가다 보면 나오는, '진달래동산'이 적힌 구조물 바로 왼쪽에 있어 찾아가기도 쉽다.

📍 경기 부천시 원미구 춘의동 산21-1

🌐 bucheon.go.kr

📍 서울지하철 7호선 부천종합운동장역에서 도보 9분 거리

🚗 부천종합운동장 주차장 이용
　（운영 시간 07:00~22:00, 주차비 유료 ※첫째 주, 셋째 주 일요일은 정기 휴무일로 무료 주차 가능）

교통이 편리한 서울 근교에 위치해 자가용이 없어도 대중교통으로 충분히 방문할 수 있으며 휴일에는 주차 문제로 인하여 일부러 대중교통을 이용하는 사람이 꽤 있다. 길 찾기를 어려워하더라도 축제 기간에는 부천역에서부터 축제장 가는 길을 안내해 주는 분들이 계시며, 부천종합운동장에 도착하면 여러 전단지와 팻말이 축제장으로 향하는 길을 알려주니 걱정할 필요가 없다. 그렇게 안내 표지판을 따라 진달래동산 입구에 들어서면 바로 분홍빛의 진달래꽃 천국을 마주하게 된다. 글로만 설명하면 어떤 느낌인지 가늠이 안 될 수도 있지만 실제로 4월 진달래동산을 직접 방문하여 그 모습을 본다면 가히 봄의 꽃에 압도당하는 느낌을 받을 것이다.

　　역시나 계단 스폿은 진달래동산 메인 포토존답게 많은 사람이 사진을 찍기 위해 기다린다. 게다가 산 정상으로 향하는 길과 이어져 있어 사람들의 발걸음이 끊이지 않는 곳이므로, 만약 사람이 없는 깔끔한 배경을 원한다면 아침 일찍 방문하거나 추후에 포토샵을 이용해 지우는 방법을 선택해야 한다. 또한, 먼 거리에서 촬영해야 하기 때문에 인물이 사진에 잘 표현되지 않을 수도 있으니 사진에 나의 비중이 조금 더 크길 바란다면 챙이 넓은 하얀색 혹은 갈색의 라피아햇(밀짚모자), 페도라(중절모) 같은 모자를 준비하거나 하얀색 혹은 분홍빛 꽃과 대비되는 파스텔 계열의 의상을 입어보자. 이 정도의 노력을 해서 사진을 담을 만한 충분한 매력을 가진 곳이기에 축제 시기에 잘 맞춰 방문해 보길 바란다.

반영이 아름다운 마법의 성

제천 비룡담저수지

울창한 숲에 둘러싸인 하얀 비밀의 성이 있는 비룡담저수지. 유럽에 온 듯 이국적인 풍경을 만날 수 있는 비룡담저수지는 인공 연못이다. 연못 주변으로 물안개길, 솔향기길, 온새미로길, 솔나무길 등 총 11.04km 길이의 수변 데크길인 한방치유숲길 구간이 있어 가볍게 산책하기 좋다. 최근 산림청이 진행한 국토녹화 50주년 기념 '걷기 좋은 명품숲길'로 선정되기도 했다.

🏠 충북 제천시 송학면 도화리 992-5
☎ 043-641-6731~3(제천 관광안내 콜센터)
🌐 tour.jecheon.go.kr
📍 기차 이용 시 제천역에서 차량으로 20분, 대중교통으로 45분 거리
　버스 이용 시 제천버스터미널에서 차량으로 15분, 대중교통으로 45분 거리
🚐 한방생태숲공원 주차장 이용(무료)

　여름에는 물안개 속에 갇힌 듯한 느낌을 받을 수 있고, 가을에는 새하얀 성의 뒤편으로 단풍이 물들어가는 모습을 볼 수 있으며, 겨울에는 연못이 얼어 색다른 풍경을 만날 수 있는, 계절별로 다른 매력을 가진 팔색조 같은 곳이다. 게다가 나무 데크길, 중간중간 휴식할 수 있는 벤치, 사진 찍기 좋은 여러 포토 스폿 등 가족과 함께 방문하기에도 정말 좋다. 또 다른 구경 포인트로는 비룡담저수지의 상징인 하얀색 인공성 조형물과 밤의 모습을 꼽을 수 있는데, 야간에 방문한다면 나무 데크길과 성 구조물에 조명이 들어와 더욱 화려한 모습을 만나볼 수 있다. 맑은 날 사진을 담으면 반영을 보다 깔끔하게 담을 수 있으니 바람이 불지 않는, 화창한 날씨에 방문하기를 추천한다.

함께 가면 좋은 곳

의림지

비룡담저수지에서 차량으로 5분 거리

📍 충북 제천시 의림지로 33(관광안내소) ☎ 043-651-7101
🅿 주차 가능(무료)

충북 제천10경 중 제1경으로 불리는 의림지는 충청북도
명승으로 지정된 매우 오래되고 유명한 저수지다.
놀이동산, 역사박물관, 용추폭포 유리전망대, 인공
동굴 등 다양한 시설이 있고 반려동물 동반이 가능하며,
산책하기 좋은 곳이 많다. 1년 365일 상시 개방되는
덕분에 낮과 밤은 물론 봄, 여름, 가을, 겨울, 모든 계절의
풍경을 편하게 구경할 수 있다.

📷 인생사진 tip
● 하천을 따라가다 보면 중앙에
작은 하늘다리가 있다. 그 위에서
사진을 찍으면 물이 흐르는
하천과 양옆에 피어있는 벚꽃,
유채꽃을 한 컷에 담아낼 수 있다.

벚꽃과 유채꽃을 동시에 마주할 수 있는

제주
대왕수천
예래생태공원

서귀포 벚꽃 명소인 대왕수천예래생태공원은 사람들에게 알려진 지 2~3년 정도밖에 되지 않은 신생 포토 스폿이다. SNS를 통해 매우 유명해진 이후 지금은 평일, 주말 할 것 없이 주차가 어려울 정도로 많은 사람이 방문하는 곳이 되었다. 이곳에 흐르는 하천은 아무리 가물어도 사시사철 물이 줄지 않고, 예래동 일대에 가장 큰물이라는 두 가지 의미로 '대왕수'라 불러왔다고 한다. 또한, 참게, 은어, 송사리 등이 서식하고 반딧불이가 살아 숨 쉬는 자연 생태계의 보고이며 최근 생태공원으로 조성되기도 했다.

🏠 제주 서귀포시 상예동 5002-26
📍 제주국제공항에서 차량으로 50분, 대중교통으로 1시간 20분 거리
🚗 주차 가능(무료)

대왕수천예래생태공원은 양옆으로 자라난 벚나무와 유채꽃들 사이 길게 뻗은 수 킬로미터의 하천 그리고 봄의 꽃들이 한 곳에 어우러져 아름다운 봄 풍경을 자랑한다. 특히 공원 입구보다는 10분 정도 내려와 중간에 있는 벚나무들이 가장 절정의 미를 보여준다. 산책로는 편도 20분 거리이므로 가능하다면 끝까지 걸어가 보길 추천한다. 공원 곳곳에는 피크닉을 할 수 있는 공터들이 있어서 봄철 가족 여행지로도 알맞은 곳이다.

서호동 호근서호로

대왕수천예래생태공원에서 차량으로 15분 거리

⚲ 제주 서귀포시 서호동 352-6

벚꽃송이가 워낙 크고 서호동 길가 양옆으로 나란히
심어진 벚나무가 장관이라 봄철 서귀포를 여행하는
분들이 꼭 한 번은 와보는, 혹은 드라이브 코스로
지나가는 장소로 자리매김했다. 위에 소개한 주소에
차량을 세운 후 인도를 따라 쭉 걸어도 좋고 벚나무 터널을
드라이브하며 구경해도 좋다. 특히 이 길은 차량과 사람이
많지 않아 깔끔한 사진을 담아낼 수 있으니 인생사진을 꼭
남겨보자.

삼각형, 사각형 프레임 속
풍경이 아름다운 카페

거제
무지개펜션에스프레소

거제도 남부면 끝자락, 남부면 바다를 한눈에 바라볼 수 있는 매력 넘치는 카페 중
한 곳이다. 우리가 흔히 아는 오션 뷰 카페처럼 테이블이 많고 북적북적한 공간이 아니라
조용히 사장님과 담소를 나누며 시간을 보낼 수 있는 행복한 곳이라 소개하고 싶다. 무엇
보다 1층 사각형 창과 2층 삼각형 창 너머로 보이는 바다가 정말 아름답다.

🏠 경남 거제시 남부면 거제남서로 737

📱 0507-1309-3480

🕐 화~일요일 11:00~19:00(라스트 오더 18:30) 휴무일 매주 월요일

📷 instagram.com/mujigaepension

📍 대중교통을 이용하기 어려운 곳이므로 자가용 또는 렌터카 이용 추천
   (기차 이용 시 부산역에서 시외버스 환승 후 고현버스터미널 하차, 택시로 55분 거리)

🚗 주차 가능(무료)

거제도 중에서도 외지라서 접근하기 쉽지 않은 편이다. 또한, 안전상의 이유로 노키 즈존이어서 어린아이들과 함께 할 수 없는 아쉬움은 있지만, 카페 사장님과의 담소 혹은 연인과의 특별한 시간을 보내기에 충분한 곳이다. 그래서 특히 예쁜 풍경을 바라보며 조용한 시간을 갖고 싶은 여행객이나 카페를 좋아하고 거제도의 경치를 제대로 경험하고 싶은 분께 적극 추천하고 싶다.

함께 가면 좋은 곳

근포땅굴
무지개펜션에스프레소에서 차량으로 5분 거리

📍 경남 거제시 남부면 저구리 450-1 🅿️ 근포땅굴마을 공영 주차장 이용(무료, 주차장에서 땅굴까지 도보로 6~8분 거리)

근포마을 뒤편 바닷가 땅굴로 일제강점기 때 파놓았던 것이라고 한다. 지금은 역광의 실루엣 사진을 찍기 좋은 거제 대표 포토 스폿이 된 이곳에는 사각형을 비롯한 여러 모양의 땅굴이 있다. 마음에 드는 모양의 땅굴 안에서 실루엣과 함께 예쁜 사진을 담아보자. 개인적으로는 일몰 시각보다 약간 일찍 도착해 실루엣과 불그스름한 노을을 함께 찍었던 사진이 가장 마음에 들었다.

옛 골목길과 장미꽃터널이 매력적인

서울
천호동
장미마을

서울에 숨겨진 장미꽃 명소로 아직까지도 천호동 장미마을을 모르는 사람이 많다. 규모도 골목길 하나 정도라서 생각보다 작게 느껴질 수 있지만, 장미마을이라는 명칭에서 부터 알 수 있듯이 아치 형태의 조형물 위아래로 장미꽃들이 줄기를 뻗어 꽃을 피운 모습 이 매우 아름답다. 이 길은 실제로 해당 골목길 집에 거주하시는 분들이 직접 가꾸고 또 무 료로 개방해 주신 곳이다. 장미꽃과 더불어 집 앞에는 장미와 잘 어울리는 벽화들이 그려 져 있어, 또 하나의 볼거리를 제공해 준다.

🏠 서울 강동구 천호동 461-158
📍 서울지하철 5호선 천호역 1번 출구로 나와 한강 방면으로 직진 후 '한홍냉동설비' 건물 왼편 골목길
🚌 천호 완구 공영 주차장 또는 천호역 공영 주차장 이용(유료)

장미를 바로 두 눈 앞에서 바라보고 향기를 맡을 수 있다는 점과 주말에 방문해도 사진을 찍기 위해 오래 기다리거나 다른 관광객의 눈치를 보지 않을 수 있다는 점에서 개인적으로 천호동 장미마을을 참 좋아한다. 짧은 골목길에 붉게 피어있는 장미가 전부지만, 구경하는 데 20분 이상 소요되지 않아서 천천히 주변을 구경하며 한산하게 꽃놀이를 즐길 수 있다는 점도 나에게는 매력으로 다가왔다. 그래서 매년 5월이 되면 꼭 한 번은 이곳에 들러 장미 사진을 찍는다.

함께 가면 좋은 곳

서래섬
천호동 장미마을에서 차량으로 15분 거리

📍 서울 서초구 반포동 ☎ 02-3780-0541 🅿 반포 한강공원 서래섬
방면 주차장 이용(유료)

반포 한강공원에 위치한 서래섬은 크기가 큰 편이
아니어서 섬의 3분의 2 이상이 꽃밭이다. 그 덕분에
5월이 되면 노란 유채꽃 물결이, 10월이 되면 새하얀
메밀꽃 눈이 장관을 이룬다. 더불어 이곳은 꽃과 함께
남산서울타워, 한강, 동작대교를 배경으로 인물 사진
찍기 좋은 곳으로도 유명하다. 꽃밭에 들어가 사진을 찍는
것만으로도 인생사진을 남길 수 있다.

도심에서 가을을 만끽하기 좋은 곳

서울 하늘공원

쓰레기 섬에서 공원으로 변신한 서울 마포구 하늘공원은 답답한 도심을 벗어나 먼 길을 떠날 수 없을 때, 도심 한복판에서 즐길 수 있는 힐링 공간이다. 특히 서울둘레길 7코스 주요 지점 중 하나인 하늘공원 메타세쿼이아길은 가을에 더 빛이 나며, 일 년 중 한 달 정도만 왼쪽 사진과 같은 풍경을 마주할 수 있다. 900m가량 시원하게 뻗은 남측 산책로와 하늘 높이 솟은 메타세쿼이아길은 하늘공원의 가장 아름다운 산책로로 가을철에 더 인기가 많은 곳이다.

🏠 서울 마포구 하늘공원로95
📞 02-300-5501
🕐 매일 05:00~22:00(단, 운영 시간이 유동적이니 확인 후 이동 추천)
🎫 무료
📍 서울지하철 6호선 월드컵경기장역에서 택시로 5분, 도보로 35분 거리
🚗 난지천 공원 주차장 이용(유료), 만차 시 상암월드컵공원 주차장 혹은 평화의 공원 주차장 이용(유료)

　　주말을 제외하고는 사람들이 몰리지 않아 편하게 사진 찍을 수 있고 메타세쿼이아
길은 반려동물 동반에 제한이 없는 곳이라 함께 가서 사진을 남기기 좋다. 메타세쿼이아
가 주황색으로 물드는 계절에는 하늘공원에 서울 억새축제가 열려 산책하면서 억새 구경
도 할 수 있다.

　　하늘공원에 갈 예정이라면 되도록 오후 늦은 시간에 도착하여 해넘이까지 즐기는 것
을 추천한다. 주변이 막혀있지 않아 해넘이를 잘 볼 수 있으며, 한강이 보이는 공원 가장자
리로 발걸음을 옮기면 조금 더 가까이 그리고 조금 더 아름답게 해넘이를 바라볼 수 있다.
참고로 메타세쿼이아길은 도로변에 위치해 접근성이 아주 좋지만, 억새밭은 하늘공원 가장
높은 곳에 있기 때문에 유료 셔틀버스인 '맹꽁이'를 타거나 꽤 오래 걸어 올라가야 한다.

은평 한옥마을
하늘공원에서 차량으로 30분 거리

📍 서울 은평구 진관동 193-14　📞 02-351-6114　🅿 주차 가능(유료)

북한산 뷰를 가진 은평 한옥마을은 서울 은평구에 있는
한옥 밀집 지역이다. 2014년에 조성된 한옥 전용 주거
단지인 이곳은 단순히 주거 단지라기보다 여러 전통을
체험할 수 있는 공간, 뷰가 아름다운 카페, 한국 전통
음식을 맛볼 수 있는 식당 등 한옥을 주제로 다양한 모습을
만나볼 수 있다. 마을을 걷는 것만으로도 마치 조선시대를
걷고 있는 듯 착각하게 될 만큼 한옥 특유의 고즈넉함을
느낄 수 있는 매력적인 곳이다.

울창한 메타세쿼이아숲 길이 이색적인

대전 장태산자연휴양림

　　매년 11월 초가 되면 늘 SNS를 뜨겁게 달구는 여행지인 장태산자연휴양림은 국내
에서는 유일하게 울창한 메타세쿼이아숲이 형성되어 있어 가을철 많은 관광객이 찾는다.
메타세쿼이아는 11월쯤이나 돼야 제대로 물들기 때문에 늦게까지 가을을 즐길 수 있다는
점과 숙소 시설을 제외한 모든 공간을 무료로 이용할 수 있다는 점이 이 곳의 큰 매력으로
다가온다.

🏠 대전 서구 장안로 461
📧 042-270-7885
🕐 3~6월, 9~10월 09:00~18:00 7~8월 09:00~19:00 11~2월 09:00~17:00
🎫 무료
🔗 jangtaesan.or.kr
📍 기차 이용 시 대전역에서 차량으로 50분, 대중교통으로 1시간 10분 거리
🅿 주차 가능(무료)

자연휴양림답게 등산 코스가 험하거나 주차 공간이 불편하지 않아 어린아이부터 연세가 지긋한 어르신까지 남녀노소 삼삼오오 여행 온 모습을 쉽게 볼 수 있다. 나 또한 매년 가을이면 빼먹지 않고 가는 곳이 장태산자연휴양림인데, 매번 갈 때마다 이국적인 풍경과 분위기에 셔터를 끊임없이 누르게 된다.

만약 자가용이나 렌터카를 이용한다면 초입에 있는 제2주차장에 주차하고 걸어가길 권장한다. 메인 스폿이라 불리는 출렁다리가 있는 곳과는 조금 거리가 있지만, 초입에서부터 볼 수 있는 계곡과 메타세쿼이아들이 발걸음을 가볍게 해주므로 10분 이상 걸어들어가야 하는 길이 전혀 힘들지 않게 느껴진다.

하지만 만약 장태산자연휴양림 메인 스폿으로 알려진 출렁다리와 가까운 곳에 주차하고 싶다면 제4주차장을 이용하자. 조금 더 빠르게 메인 스폿으로 향할 수 있다. 제4주차장에 주차하고 나면 바로 다리를 향해 걸어가지 말고 먼저 주차장 끝, 장태산 정상으로 향하는 계단을 따라 올라가는 걸 추천한다. 계단을 따라 15분 정도 올라가면 메타세쿼이아 나무들과 다리를 한눈에 볼 수 있다. 또한, 하산 시에는 계단을 따라 내려가다가 중간쯤 다리와 이어진 길로 들어가 보자. 그 길을 따라가다 보면, 그동안 보지 못한 다른 곳들을 천천히 둘러볼 수 있어 좋은 코스가 될 것이다.

대한민국 최고의 낙화落火축제

안동
선유줄불놀이

　　먼 옛날 한여름 밤, 하회마을 선비들이 중심이 되어 부용대라는 절벽 밑 흐르는 강 위에 배를 띄우고 선유시회(仙遊詩會, 뱃놀이하며 시를 짓거나 감상하는 모임)를 겸한 불놀이를 즐겼다고 한다. 이것이 지금에 와서는 70m 이상 높이의 부용대 정상에서 그 밑을 흐르는 하천을 항해 수백 개의 숯가루 봉지를 매달아 공중에서 은은하게 작은 불꽃들을 터트리는 줄불놀이로 재현되고 있다. 줄불놀이와 더불어 이 낙화축제에서는 부용대 정상에서 마른 소나무 가지들을 한 아름씩 묶어 불을 붙여 절벽 아래로 떨어트리는 장관도 마주할 수 있다.

- ⌂ 경북 안동시 풍천면 하회리774(하회마을 나룻배 옆 주차장)
- ☎ 054-852-3588
- 🕐 (24년 기준 일정) 5월 5일, 6월 1일, 7월 6일, 8월 3일, 9월 28일, 10월 5일, 11월 2일 19:00~21:00
  ※오후 7시 이후부터 입장이 제한될 수 있음
- ₩ 어른 5,000원/청소년 2,500원/어린이 1,500원
- Ⓝ hahoe.or.kr
- 📍 버스 이용 시 안동터미널에서 차량으로 25분, 대중교통으로 1시간 거리
- 🚌 축제 당일 오후 4시 이전 하회마을 내 만송정 앞 주차 가능, 오후 4시 이후 외부 주차장에 주차 후 셔틀버스 이용

📷 인생사진 tip
● 카메라, 광각 렌즈, 삼각대, 카메라 유/무선 리모컨
또는 셔터 릴리즈를 준비해 가면 더 좋은 사진을 찍을 수
있다(줄불놀이 잘 찍는 방법은 91쪽 참고).

안동 하회마을 강변 쪽 모래사장 또는 만송정 숲에 자리 잡고 어둑해지기를 기다리는 시간이 꽤 길어 가벼운 겉옷과 허기진 배를 달랠 수 있는 요깃거리를 챙겨가는 게 좋다. 자리를 한 번 잡고 나면 이동하기 불편하고 주변에 식당이나 편의점도 없기 때문이다.

긴 기다림 끝에 잔잔하게 들리는 음악 소리와 함께 줄불놀이가 시작되면 이 축제의 하이라이트라 할 수 있는 순간이 찾아온다. 바로 낙화가 진행되기 전 모두 함께 "낙화야" 하고 외치는 순간이다. 하나의 단어를 모든 사람이 다 함께 외치며 낙화가 되는 모습을 바라보는 이 순간이 이 축제의 큰 매력 포인트가 아닐까 싶다. 한 가지 팁으로 줄불놀이와 낙화의 순간을 모두 담아내기에는 만송정 숲 쪽이 좋았다.

선유줄불놀이를 잘 찍기 위한 추천 준비물

- 카메라 바디 흔들림이 최대한 없어야 하며, 규모가 큰 축제장이다 보니 광각 렌즈가
  좋다. 16~35 정도의 광각 줌 렌즈를 추천

선유줄불놀이를 잘 담을 수 있는 카메라 세팅 추천 촬영 장비 Sony A7M4 기준

- 장시간 촬영 시 노이즈 감소 기능 OFF, 손 떨림 방지 기능 OFF
- ISO 세팅 400~1600 사이
- 조리갯값 F5.6~F8
- 화이트밸런스는 오토
- 셔터 스피드는 최소 3초 이상~20초 사이(벌브 모드 촬영 추천), 셔터 스피드를 어떻게
  두고 촬영하는지에 따라 긴 실타래와 같은 사진이 될 수도 있고 점과 같은 사진을
  담아낼 수도 있어 줄불놀이 촬영 시 셔터 스피드가 가장 중요한 요소가 될 것이다.
- 어두운 환경이기에 초점이 맞지 않을 수 있다. 이럴 땐 ISO를 높게 올려 카메라상으로
  초점이 맞는지 확인한 후 초점 고정을 해두고 ISO를 낮추면 쉽게 초점을 맞출 수 있다.

📷 인생사진 tip
● 메타세쿼이아가 완전히
물들고 2~3일 뒤에
방문하면 먼저 물들었던
메타세쿼이아들이 잎을 떨구며
오렌지빛 길을 만들어줘서 더욱
이색적인 풍경을 담을 수 있다.

우리나라에서 가장 아름다운 길

담양
메타세쿼이아
가로수길

'담양 가을 여행지' 하면 가장 먼저 생각날 만큼 아름다운 경치와 분위기를 자랑하는 메타세쿼이아 가로수길은 무려 8.5km에 달하는 긴 산책로가 조성되어 있어 모두 구경하려면 최소 1시간 이상 걸릴 만큼 규모가 크다. 메타세쿼이아의 둘레나 키도 엄청나게 큰 편이라 아래에서 위를 올려다보며 꼭 그 웅장함을 느껴보면 좋겠다.

- ⌂ 전남 담양군 담양읍 학동리 633
- 🖹 061-380-3149
- ⏰ 매일 09:00~18:00(단, 5~8월 09:00~19:00)
- ₩ 성인 2,000원/청소년 1,000원/어린이 700원
- 📍 버스 이용 시 담양공용버스터미널에서 차량으로 5분, 대중교통으로 10분 거리
- 🅿 메타세쿼이아 가로수길 입구 주차장(무료) 또는 메타프로방스 주차장 이용(무료)

메타세쿼이아 가로수길이 품고 있는 작은 호수는 무척 아름다운 반영을 자랑한다. 기상이 안 좋은 날을 제외하고 호수는 상당히 잔잔한 편이라 구름과 메타세쿼이아들의 반영 사진을 쉽게 담아낼 수 있다. 또한, 아침에는 호수 주변으로 길게 뻗어 있는 메타세쿼이아길 사이로 빛이 강하게 들어오면서 다소 어두운 메타세쿼이아 나무가 붉게 빛나는 이색적인 풍경을 볼 수도 있다. 이 순간을 사진으로 담아냈을 때 정말 큰 성취감을 느꼈다.

메타세쿼이아 가로수길 옆으로 작은 공원도 있어 기온이 따뜻할 때는 들판에서 강아지와 산책을 하거나, 함께 모여 사진을 찍으며 시간을 보내기에 좋다. 호수 주변으로는 생태공원이 있으니 어린아이와 함께하는 여행이라면 한번 들러보는 것도 좋겠다.

강원도 정선 만항재쉼터

　　영하를 웃도는 추위에 집 밖을 나가기 쉽지 않은 겨울, 하지만 이런 추운 겨울이라도 우리가 꼭 가봐야 할 여행지들이 있다. 그중 하나가 바로 강원도 태백에 위치한 만항재쉼터. 해발 1,330m 고도에 있지만, 도로가 잘되어 있어 차량으로 쉽게 올라갈 수 있으며 차에서 내리는 순간 겨울왕국이 펼쳐진다. 쌓여있는 눈과 상고대를 구경하는 방법도 아주 간단하다. 만항재쉼터에 차량을 주차하고 쉼터 맞은편 하늘숲공원으로 들어가면 끝이다. 길을 따라 쭉 걸어 들어가기만 하더라도 정말 말도 안 될 만큼 아름다운 설경을 만날 수 있다.

🏠 강원 정선군 고한읍 함백산로 865

📞 010-6322-7357

📍 대중교통을 이용하기 어려운 곳이므로 자가용 또는 렌터카 이용 추천
　(버스 이용 시 태백시외버스터미널에서 차량으로 30분 거리　기차 이용 시 태백역에서
　차량으로 30분 거리)

🅿 만항재쉼터 주차장이 가장 가깝고 만차 시 바람길정원 주차장 이용(무료)

이곳은 대한민국에 몇 안 되는 가성비 좋은 여행지로 꼽힌다. 고도가 높다 보니 겨울
철 눈이 한번 내리면 웬만해서는 잘 녹지 않아 설경을 보고 싶을 때 언제든지 마음 편히 무
료로 갈 수 있기 때문이다. 상고대 바로 위 푸른 하늘에 구름이 지나가는 모습을 마주할 수
있어 더 매력적인 곳이다. 공원으로 조금 걸어들어가다 보면 작은 공터가 나오는데 약간
의 경사가 있어 어린아이들이 눈썰매를 타거나, 눈사람 만들기도 한다. 이 모습을 보면서
순간의 힐링을 만끽할 수 있다.

만항재쉼터를 바라보았을 때 오른편에 있는 외길을 따라 쭉 가면 '만항재 운탄고도(구름이 양탄자처럼 펼쳐진 고원의 길)'라는 이름을 가진 길이 나온다. 산의 능선을 따라 마치 구름 위를 걷는 기분을 받을 수 있고 해발 1,330m에 달하는 고도 위를 걸어가기에 풍경이 정말 아름다워 중간중간 발걸음을 멈추게 된다.

문경 봉천사
개미취 꽃밭

일 년 중 한 달 정도만 이 풍경을 볼 수 있다. 여기는 문경에 위치한 봉천사라는 곳인데 몇 년 전 스님께서 일곱 포기의 개미취꽃을 가져와 심기 시작했고, 지금은 3천 평이 넘는 개미취꽃밭이 만들어졌다고 한다. '9~10월에 안 가면 후회하는 여행지'로 소개될 만큼 아름다운 개미취 특유의 보랏빛 꽃밭은 눈 호강을 하기에 그리고 사진 찍기에 정말 좋다. 개미취꽃은 활짝 피어났을 때 가장 예쁘다. 만개 전 또는 만개 시즌을 놓치지 말자.

🏠 경북 문경시 호계면 봉서2길 201
📱 054-554-9776
🕐 매일 08:00~18:00
💰 10,000원(현금 또는 계좌 이체만 가능)
📍 대중교통을 이용하기 어려운 곳이므로 자가용 또는 렌터카 이용 추천
　(버스 이용 시 점촌시외고속버스터미널에서 택시로 20분 거리)
🚗 주차 가능(무료) ※가장 안쪽 봉천사 내부 주차장은 오전 중으로 빨리 만차가 되는 편이니 참고.

어깨높이까지 자라난 개미취꽃밭에서 사진을 찍으면 어디서든 무조건 인생사진이 나올 수밖에 없는 포토 스폿 천국이다. 사진을 찍으러 오는 사람이 많기에 봉천사에서도 방문객들이 꽃을 훼손하는 일 없이 편하게 꽃밭에 드나들 수 있도록 꽃밭 중간중간 길을 만들어두었다. 해발 360m 월방산 자락에 위치해 이른 아침에는 안개가 잘 피어나니 이때 방문한다면 조금 더 몽환적인 사진을 찍을 수 있다. 2022년쯤부터 SNS를 통해 많이 홍보되어 2023년도부터 정말 많은 사람이 방문하였고, 어느새 인기 여행지로 자리 잡았다.

　　입장료가 다소 비싼 편이지만 개미취꽃밭의 크기나 분위기가 상당히 좋아서 사진 찍기를 좋아한다면 전혀 돈이 아깝지 않을 것이다. 게다가 입장료를 내면 도토리묵과 오미자차를 무료로 제공해 주어 배도 채울 수 있다(23년도 기준). 개미취꽃은 시간에 따라 빛을 달리 받아 새하얀색과 보라색 등 다양한 느낌으로 표현되니 시간적 여유를 가지고 천천히 개미취꽃밭을 거닐어보기를 추천한다.

📷 인생사진 tip
● 바다와 암초 위에 지어진 특유의 모습으로
파도가 암초에 부딪혀 깨지는 포인트를 담아
보다 역동적이고 이색적인 사진을 찍어보자.

바다 앞 사찰이 이색적인

부산 해동용궁사

　　1376년 창건된 해동용궁사는 바다 위에 건립된 유일한 사찰로 기록되어 있다. 다리 너머 본당으로 들어가는 입구에 적혀있는 "한국에서 가장 아름다운 사찰"이라는 문구가 알려주듯 부산의 해동용궁사는 우리가 흔히 알고 있는 절과는 다른 풍경의, 자연과 더욱 잘 어우러진 모습을 보여준다.

🏠 부산 기장군 기장읍 용궁길 86
📖 051-722-7744
🕐 매일 04:30~19:20(입장 마감 18:50)
💲 무료
🌐 yongkungsa.or.kr
📍 기차 이용 시 부산역에서 차량으로 1시간, 대중교통으로 1시간 30분 거리
　　비행기 이용 시 김해국제공항에서 차량으로 1시간 10분, 대중교통으로 1시간 20분 거리
🅿 주차 가능(유료)

　　바다가 바로 앞에 있기에 부산 안에서도 일출이 아름다운 곳으로 유명하며 새해 첫
날 전국의 관광객들이 일출을 보러오는 해돋이 명소이기도 하다. 이곳은 특히 부처님 오
신 날 연등이 켜지면 바다 풍경과 어우러져 장관을 이룬다. 한국인들뿐만 아니라 외국인
관광객에게도 많은 관심을 받고 있는 여행지로 부산을 방문할 계획이라면 꼭 한 번 가보
길 추천하고 싶다.

스카이라인루지 부산

해동용궁사에서 차량으로 3분 거리

📍 부산 기장군 기장읍 기장해안로 205 ☎ 051-722-6002
🕐 스카이라인 루지 평일 10:00~19:00(매표 마감 18:30)/
주말 10:00~20:00(매표 마감 19:30)
하이플라인 집라인 매일 10:00~18:00(탑승 마감 17:45)
🅦 성인 기준 1인 3만 원부터 🅟 주차 가능(무료)

기장해안로의 스카이라인루지는 다른 지역 루지와
달리 바다를 배경으로 한 트랙이 있다. 총 4개의 코스를
입맛에 따라 선택할 수 있고, 여러 번 탑승하더라도
색다른 재미를 준다. 1회 탑승 시 10~15분 정도 내려오게
되는데, 이때 볼 수 있는 경치가 상당히 매력적이다. 출발
전 충분한 안전교육을 진행하며 성인뿐만 아니라 만 6세,
키 110cm 이상의 어린이라면 혼자서도 탈 수 있다.

사람의 손길이 닿지 않은
자연의 모습을 간직한

울릉도

'태고의 신비로운 자연을 가진 곳', '인생에 한 번쯤은 가봐야 하는 섬' 등의 수식어가 붙을 만큼 아름다운 경관을 가지고 있는 섬, 울릉도. 화산 활동으로 형성되어 화산암으로 만들어진 여러 지형이 있고 섬을 둘러싼 작은 바위들은 우리가 이때까지 보지 못했던 모습으로 감탄을 자아내게 한다. 특히 울릉도에는 해안 절벽이 정말 많다. 그 형태도 매우 다양해 일부는 동굴처럼 보이는 것도 있다. 이런 해안 절벽 아래에서 인물 사진을 찍으면 국내에서 쉽게 담을 수 없는 풍경과 울릉도 특유의 감성이 묻어나는 사진을 간직할 수 있다.

🏠 경북 울릉군

📞 054-790-6454(도동 관광안내소)/054-791-6629(저동 관광안내소)/
054-791-9163(사동 관광안내소)

🅝 울릉도 ulleung.go.kr
가보고 싶은 섬 island.haewoon.co.kr

📍 강릉항, 묵호항, 후포항, 포항 4곳에서 울릉도로 향하는 크루즈, 페리 탑승 가능
울릉도 도착 항구는 저동항, 도동항, 사동항 총 3곳으로 예약한 숙소 또는 계획 중인
여행지와 가까운 곳 선택 ※'가보고 싶은 섬' 홈페이지에서 배편 별도 예약 필요

🚢 크루즈 이용 시 자가용 선적 가능! 다만 비용이 저렴한 편이 아니기에 렌트, 대중교통,
택시와 잘 비교해볼 것

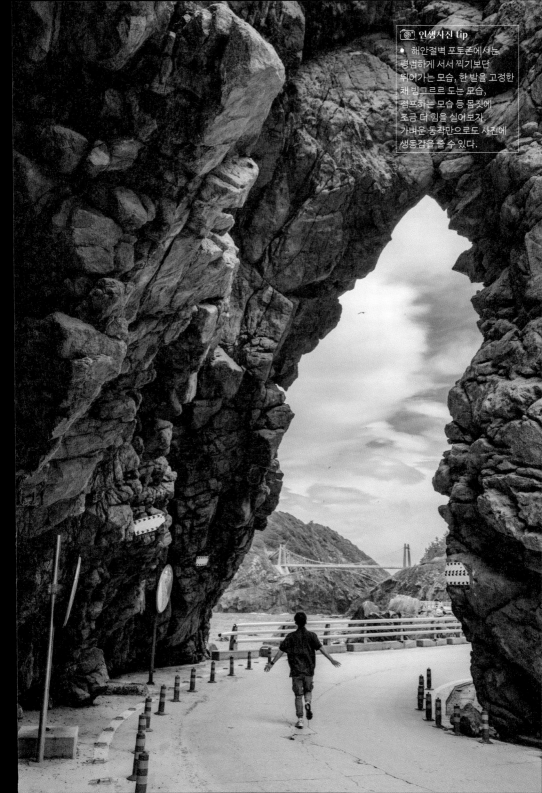

📷 인생사진 tip

● 해안절벽 포토존에서는
평범하게 서서 찍기보단
뛰어가는 모습, 한발을 고정한
채 빙그르르 도는 모습,
점프하는 모습 등 몸짓에
조금 더 힘을 실어보자.
가벼운 동작만으로도 사진에
생동감을 줄 수 있다.

　　울릉도를 여행하다 보면 해안 도로를 따라 이동하게 되는 순간이 많다. 이 길을 따라
운전하다 보면 깎아지른 듯한 해안절벽과 반대편으로는 동해의 푸르고도 맑은 바다를 만
나게 된다. 우리나라를 여행하며 다양한 해안 도로를 많이 구경해봤지만 이렇게나 가까우
면서 푸른색을 가진 동해 바다는 처음으로 마주하는 느낌이었다.

만약 수영을 좋아한다면 꼭 여름에 가보라고 이야기해 주고 싶다. 울릉도에는 여러 다이빙 포인트가 있기 때문이다. 물론 여름뿐만 아니라 사계절 언제 가도 좋긴 하다. 국내에서 눈이 가장 많이 내려 겨울에는 눈축제를 진행하고 봄, 가을에는 육지에서는 쉽게 볼 수 없었던 다양한 종류의 꽃과 나무들을 만나볼 수 있다.

울릉도를 방문하면서 독도 입도를 계획하는 사람이 많을 것으로 생각한다. 하지만 독도는 쉽게 문을 열어주지 않는다. 만약 날씨가 좋은데도 독도 입도가 불가능하다면, 맑은 날에는 독도까지 보인다는 '독도 일출 전망대 케이블카'가 있으니 멀리서나마 독도의 형태를 구경하는 것 또한 좋은 방법이다(도동항).

색다른 국내 여행지를 찾고 있다면, 평범함에서 벗어난 자연의 아름다움과 독특한 생물들 그리고 풍부한 문화유산을 만나볼 수 있는 울릉도가 최적의 선택지가 아닐까 싶다.

산방산 배경 아름다운 정원

제주 마노르블랑 Manor Blanc

제주에는 정말 많은 카페가 있다. 그중 개인적으로 정말 자주 가는 카페인 마노르블랑은 이색적이면서도 계절을 대표하는 꽃들을 사계절 내내 상태 좋게 그리고 편하게 만나볼 수 있는 장점을 가졌다.

🏠 제주 서귀포시 안덕면 일주서로2100번길 46
📞 064-794-0999
🕐 매일 09:00~18:30
📷 instagram.com/jejumanorblanc
📍 제주국제공항에서 차량으로 45분, 대중교통으로 1시간 15분 거리
🅿 주차 가능(무료)

그중 6월의 마노르블랑은 초여름을 맞아 형형색색의 수국밭을 만들어두는데 흰색, 보라색, 분홍색, 하늘색 등 정말 다양한 색감의 수국을 만날 수 있으며 소품을 배치해둔 포토존이 많아 사진이 참 예쁘게 나온다.

함께 가면 좋은 곳

사계해안(형제해안도로)

마노르블랑에서 차량으로 12분 거리

⦿ 제주 서귀포시 안덕면 사계리(군도14호선, 상모사계선)
☎ 064-740-6000 🅿 해안도로 주변 주차 가능(무료)

산방산 아래 한적한 해변으로 산방산과 한라산,
용머리해안을 한 곳에서 바라볼 수 있다. 제주 안에서도
특유의 분위기를 가진 해안으로 특히 간조에는 물이 빠진
해수욕장 위로 여러 형태의 바위들이 나타나 이색적인
포토존이 된다.

📷 **풍경 사진 tip**
● 농다리 길이가 꽤 길어
카메라로는 모두 담기 어려울
수 있으니 드론을 적극 활용해
다양한 모습들을 담아보자.

신비로운 다리와 풍경이 잘 어우러지는 곳

진천 농다리

천년의 역사를 지닌 진천 농다리는 돌을 성벽처럼 쌓아 교각을 만들고 그사이 너른 돌을 올려 만든 오래된 다리다. 고려시대 때 만들어져 지금까지 수없이 많은 일을 겪으면서도 떠내려가지 않는 견고함을 자랑한다. 농다리를 건너자마자 주변으로 둘레길과 인공 폭포를 마주할 수 있으며 봄에는 벚나무를, 가을에는 메타세쿼이아를 구경할 수 있다.

충북 진천군 문백면 구산동리 601-32

버스 이용 시 진천종합버스터미널에서 차량으로 15분, 대중교통으로 40분 거리

미호천변 주차장 이용(무료)

　　그 외에도 둘레길을 따라 오른쪽 미르숲 방면으로 걸어가면 초평저수지 둘레길과 하늘다리를 만나볼 수 있다. 진천 농다리도 정말 만족스러운 관광지이지만 체력이 된다면 꼭 초평저수지를 따라 하늘다리까지 걸어가 보길 권장한다. 하늘다리를 건너면 잠깐 쉬어 가는 시간을 가질 수 있는 작은 매점도 있다. 참고로 진천 농다리 인공 폭포는 4~10월 사이에만 가동되고 하루 4번, 1시간씩만 운영된다고 한다.

함께 가면 좋은 곳

옥순봉 출렁다리

진천 농다리에서 차량으로 1시간 30분 거리

📍 충북 제천시 수산면 옥순봉로 342 ☎ 043-641-6738
🕐 하절기(3~10월) 화~일요일 09:00~18:00/동절기(11~2월)
화~일요일 10:00~17:00 휴무일 매주 월요일 ₩ 일반 3,000원
🅿 주차 가능(무료, 매표소와 가장 가까이 주차할 수 있는 제1주차장
이용 추천)

청풍호에서부터 충북 제천 10경 중 하나인 옥순봉까지
이어진 길이 222m의 출렁다리. 흔들림이 정말 잘
느껴지기 때문에 건너는 동안 특별한 경험을 할 수 있다.
사람이 많은 주말에 출렁다리를 건널 때면 사람들의
발걸음에 따라 움직임이 느껴져 가끔 움찔거리기도 한다.
주변으로 전망대와 산책로, 쉼터가 잘되어있어 힐링하기
좋은 여행지다.

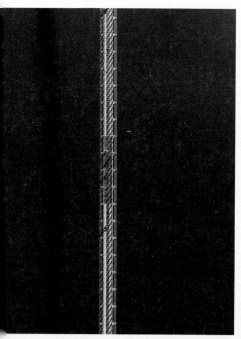

의정부미술도서관

　'2020년 한국건축문화대상 준공 건축물 부문' 우수상을 받은 이 도서관은 우리가 일반적으로 생각하는 도서관이랑은 조금 다른 모습을 하고 있다. 총 3층으로 층마다 테마는 물론이고, 공간의 구조와 책들이 진열되어 있는 형태가 달라 여러 목적에 맞춰 방문할 수 있다. 1층은 '아트 그라운드'로 디자인, 미술, 건축, 전시관 등 예술 관련 도서들이 있으며 2층은 '제너럴 그라운드'로 일반 도서들이 자리한다. 그리고 마지막 3층은 '멀티 그라운드'로 커뮤니티 활동을 자유롭게 할 수 있는 복합 공간이다.

🏛 경기 의정부시 민락로 248
☎ 031-828-8870
🕐 화~금요일 10:00~21:00/주말 10:00~18:00
　휴무일 매주 월요일, 법정 공휴일
💰 없음
🌐 uilib.go.kr
📍 서울지하철 1·7호선 도봉산역에서 차량으로 15분, 대중교통으로 30분 거리
🚗 주차 가능(무료)

📷 인생사진 tip

● 원형 계단을 따라 2층으로
향한 뒤 계단 양옆 유리벽 앞에
서서 1층을 바라보고 사진을
찍어보자. 3층의 높이감과
각 층의 색감 대비, 1층 안쪽
공간까지 모두 담아낼 수 있다.

　무엇보다 의정부미술도서관의 가장 큰 특징은 3층 높이의 모든 공간에 빛이 들어올
정도로 큰 통유리창이다. 한 면이 모두 통유리라서 날이 좋은 날 창 너머로 들어오는 자연
채광과 주변 사물에 의해 생기는 그림자가 의정부미술도서관을 더욱 특별한 공간으로 만
들어준다.

1층에서부터 3층까지 이어주는 나선형 계단을 따라 올라가면 모든 층과 앞서 말한 의정부미술도서관의 포토 스폿까지 한 번에 구경할 수 있으니, 엘리베이터가 아닌 중앙 나선형 계단을 이용해 높은 층으로 올라가 보자.

　　국내 최초의 미술 특화 도서관인 만큼 자유롭고 창의적인 공간 구성으로 상상력이 필요한 아이들, 조금은 특별한 북캉스를 즐기고 싶은 성인, 실내 데이트 공간이 필요한 커플 등 다양한 목적으로 방문한 사람들에게 만족감 높은 공간이 되어줄 것이다.

800살이 넘은
원주 반계리
은행나무

　　대한민국 천연기념물이자 아파트 11층 높이가 넘는 엄청난 크기를 자랑하는 은행나무다. 정확한 나이는 알 수 없지만, 대략 800살이 넘었을 것으로 추정한다. 반계리에 들려오는 이야기로는 오래전부터 이 나무 안에 커다란 흰 뱀이 살고 있어 아무도 손을 대지 못하는 신성한 나무로 여겨졌다고 한다. 또한, 가을에 이 나무의 은행잎들이 일시에 물들면 다음 해에 풍년이 든다는 전설이 전해져 내려오고 있다. 반계리 대형 은행나무는 특히 줄기와 가지가 균형적으로 퍼져 있어 천연기념물로 지정된 나무 중 가장 아름답다고 평가하는 사람이 많다. 직접 눈으로 보면 모든 사람이 공감할 것이다.

🏠 강원 원주시 문막읍 반계리 1495-1
📋 033-737-2808(원주시 역사박물관 문화재팀)
📍 기차 이용 시 서원주역에서 차량으로 15분, 대중교통으로 45분 거리
🅿 은행나무 바로 앞 주차장 이용 가능(무료)

　은행나무 전경으로 사진을 충분히 찍었다면 다음은 나무 밑으로 들어가 풍성한 은행나무의 진면모, 은행나무숲 속에 들어온 듯한 모습을 담아내면 좋다.

　이 스폿에 방문할 때는 은행나무가 물든 타이밍을 잘 맞추는 것이 굉장히 중요하다. 이렇게 타이밍을 강조하는 이유는 은행나무는 바람과 기온에 무척 약해 새벽 사이 기온이 뚝 떨어지고 바람이 불면 모든 은행잎이 떨어지는 경우가 있기 때문이다.

배론성지

반계리에서 차량으로 50분 거리

📍 충북 제천시 봉양읍 배론성지길 296　☎ 043-651-4527
🕐 매일 09:00~18:00(휴게 시간 12:30~13:30)　🅿 주차 가능(무료)

천주교 신도들이 순례길로 많이 찾는 곳이면서 단풍으로
유명한 곳 중 하나이기도 하다. 순례자들을 위한
공간이지만 관광객들에게도 공간을 개방해 정해진 관람
시간 내에서는 편하게 둘러보며 가을을 구경할 수 있다.
하지만 순례자들이 경건한 마음으로 찾는 곳이니 조용히
즐기는 매너는 잊지 말자. 배론성지에서 가장 추천하는
포토존은 첫 번째로 안쪽에 위치한 작은 연못에 비치는
단풍나무들이며, 두 번째는 성당을 배경으로 한 포인트다.
단풍이 절정을 이룰 때에는 포토존에 긴 줄이 서 있을 수
있으니 오전 일찍 방문하는 것이 좋다.

📷 인생사진 tip

● 가장 안쪽 명륜당 은행나무 포토존이 특히
좋다. 바닥에 은행나무 잎들이 가장 잘 깔려
있으며 양쪽으로 은행나무가 있어 사진 찍기
위한 기다림을 줄일 수 있고 뒤편에 위치한
명륜당 건물들이 배경이 되어준다.

1년 중 가을이 가장 아름다운 곳
전주향교

고려·조선시대의 국립 교육 기관인 전주향교는 곳곳에 은행나무가 많아 가을에 특히 추천하는 여행지다. 고즈넉한 분위기 덕분에 각종 영화와 드라마 촬영지로 사용되기도 했다. 전주향교에는 총 세 곳의 은행나무 스폿이 있다. 입구에 위치한 만화루 바로 양옆으로 첫 번째 스폿이 있고, 조금 더 안쪽으로 들어가면 대성전 양쪽으로 우뚝 서 있는 두 번째 은행나무 스폿이 있다. 그리고 마지막으로 가장 안쪽 명륜당에 있는 제일 큰 은행나무 두 그루까지. 이 중 가장 추천하는 스폿은 뭐니 뭐니 해도 명륜당의 아주 웅장한 은행나무 앞이다.

🏠 전북 전주시 완산구 향교길 139

📧 063-288-4548

🕐 동절기 화~일요일 10:00~17:00
　 하절기 화~일요일 09:00~18:00 휴무일 매주 월요일

💲 없음

🅧 jjhyanggyo.or.kr

📍 버스 이용 시 전주시외버스터미널에서 차량으로 10분, 대중교통으로 35분 거리

🚗 한옥마을 제1~2 주차장 이용 추천(유료, 전주향교에서 가장 가까이 주차 가능).
　 일요일, 월요일은 전주한벽문화관 주차장 이용 추천(쉬는 날이기 때문에 무료 주차 가능)

명륜당 은행나무 스폿은 다른 곳에 비해 은행나무가 조금 더 큰 편이기도 하고 먼저 물든 은행잎들이 떨어져 바닥을 노랗게 장식해 가장 아름답게 느껴진다. 키가 워낙 커서 가까이에서는 사진 찍기가 거의 불가능하고, 나무와 어느 정도 거리를 둬야 은행나무 일부분을 담아낼 수 있을 정도이다. 한옥마을 내에 위치한 전주향교이다 보니 종종 한복을 입고 오는 방문객이 있는데 은행나무와 명륜당 그리고 한복의 조화가 정말 아름다워 시선이 저절로 향하게 된다. 명륜당 은행나무들은 우리가 흔히 아는 불쾌한 은행 냄새가 전혀 나지 않아 사진을 찍고 구경하는 내내 불편함이 전혀 없었다. 전주향교의 은행나무는 11월 초 대부분 절정을 맞이하니 참고해서 방문해 보자.

함께 가면 좋은 곳

전동성당
전주향교에서 도보로 15분 거리

📍 전북 전주시 완산구 태조로 51 ☎ 063-284-3222
🕐 매일 09:00~17:00 💰 무료 🅿 남부시장 주차장 이용(유료)

전주향교에서 아주 가까운 곳으로 서양식 로마네스크
양식 건축물을 만날 수 있다. 많은 사람이 성당 배경으로
사진을 찍으러 오는데, 높이가 꽤 되는 건물이기에 거리를
두어야 전체를 담을 수 있다. 내부는 개방하지 않아 볼 수
없지만, 이국적인 느낌의 건축물을 구경하는 것만으로도
들러볼 만한 곳이다.

정읍 내장산국립공원

호남 5대 명산으로 알려진 정읍 내장산은 매년 11월 온 산이 단풍으로 물든다. 내장산국립공원의 대표 명소라고 할 수 있는 단풍터널은 일주문에서부터 내장사까지 108주의 단풍나무가 우거져 있어 방문하는 사람의 감탄을 자아낸다. 그 덕분에 한국 관광 100선에 무려 5번이나 선정되었다.

🏠 전북 정읍시 내장동 산 231(우화정)

📞 063-538-7875

🕐 매일 08:00~18:00
※케이블카 운행 시간 하절기(3~11월) 매일 09:00~18:00
동절기(12~2월) 평일 10:00~17:00/주말 09:00~17:00

💰 없음

💰 셔틀버스(매표소→케이블카 승강장) 성인 1,000원/어린이 500원
케이블카 성인 왕복 10,000원, 편도 6,000원/어린이 왕복 6,000원, 편도 4,000원

📍 버스 이용 시 정읍시외버스터미널에서 차량으로 25분, 대중교통으로 1시간 20분 거리

🚌 주차 가능(유료)

단풍을 비롯한 내장산의 아름다운 모습을 감상할 수 있는 케이블카가 유명한데, 단풍터널 입구에서부터 케이블카까지는 편도 2km에 달하는 길을 따라 들어가야 한다. 케이블카를 타러 가면서 단풍터널을 구경할 수 있는 방법은 도보 이동과 유료 셔틀버스 탑승이 있다. 셔틀버스는 빠르게 이동할 수 있는 장점이 있지만, 단풍터널 옆에 위치한 숲길과 계곡을 볼 수 없기에 가능하다면 걸어서 들어가길 추천한다. 왕복이 아니라 내려오는 편도만이라도 꼭 직접 거닐며 내장산의 가을을 제대로 만끽해 보자.

　　단풍터널을 지나면 내장산국립공원의 랜드마크라고 할 수 있는 우화정을 만날 수 있다. 작은 호수 위에 지어진 전통 한옥 팔각정으로 가을 단풍나무와 함께 사진을 꼭 찍어보길 추천한다. 우화정 안까지 걸어서 들어갈 수 있는 돌길이 있으니 인물 사진을 찍고 싶다면 사진에 담길 사람은 우화정에 걸어가고 촬영자는 맞은편에 서서 사진을 찍으면 좋다.

　　우화정을 모두 구경했다면 발걸음을 옮겨 케이블카 탑승장으로 향하자. 단풍철에는 사람들이 몰려 아예 탑승이 어렵거나 긴 시간 대기해야 할 수 있으니 되도록 오전 이른 시간대에 방문하는 것이 좋다. 참고로 탑승 시작 시각은 오전 9시다. 케이블카를 타고 올라가면 쉽게 도착할 수 있는 전망대에서는 우화정과 내장사, 특히 내장산이 단풍으로 물든 모습을 한눈에 바라볼 수 있다.

논산 온빛자연휴양림

메타세쿼이아숲과 호수가 어우러진 이국적인 풍경을 선사해 주는 여름의 온빛자연 휴양림. 자연을 되도록 훼손하지 않고 만든 평탄한 산책길을 따라 걷다 보면 '힐링 산책'이 라는 단어가 절로 떠오른다. 주차하고 15분 정도 산책을 하다 보면 작은 호수와 유럽풍의 노란 건물을 마주치게 된다. 이 작은 호수는 안이 들여다보일 만큼 물이 맑아 반영 사진을 담기에 좋은 조건을 가지고 있다. 호숫가로 내려갈 수 있는 길이 있으니 놓치지 말고 아래 로 내려가서 반영 사진을 담아보자.

🏠 충남 논산시 벌곡면 황룡재로 480-113
📍 <u>기차 이용 시</u> 계룡역에서 차량으로 20분, 대중교통으로 1시간 10분 거리
🚌 주차 가능(무료)

　이곳을 찾는 사람들 대부분 호숫가 주변을 구경하고 돌아나가는 경우가 많은데, 북적이지 않는 공간을 좋아한다면 휴양림 안쪽도 놓치지 말고 꼭 들어가 보자. 호숫가를 지나서 조금 더 안으로 들어가면 키가 큰 메타세쿼이아를 따라 산책할 수 있는 공간이 있다.

　온빛자연휴양림은 사진작가뿐만 아니라 여행지를 찾는 사람들에게도 인기가 많아 계절별로 방문하는 사람도 있을 정도다. 그런데 이곳은 사실 개인 사유지로, 일반인들에게 아무런 대가 없이 입장료와 주차비를 받지 않고 별도의 이용 시간 제한도 없이 무료로 개방해 준 것이다. 그래서 한 가지 유의해야 할 점이 있다. 휴양림 안의 건물은 실제 거주 공간이라는 것. 만약 이곳에 방문해 볼 예정이라면 건물의 문을 열거나, 안을 들여다보지 않도록 주의하자.

함께 가면 좋은 곳

탑정호 출렁다리
온빛자연휴양림에서 차량으로 20분 거리

📍 충남 논산시 부적면 신풍리 769 ☎ 041-746-6645
🕐 3~5월, 9~10월 매일 09:00~18:00(입장 마감 17:30)/
하절기(6~8월) 매일 09:00~20:00(입장 마감 19:30)/
동절기(11~2월) 매일 09:00~17:00(입장 마감 16:30)
₩ 무료 🅿 주차 가능(무료)

탑정호는 차로 한 바퀴를 돌아도 30분 이상 걸릴 만큼
매우 넓다. 그 위를 가로지르는 출렁다리 또한 600m에
이르는 긴 길이를 자랑하며 '호수 위에 설치된 가장 긴
출렁다리'라는 인증서를 받기도 했다. 탑정호 출렁다리는
무료로 이용할 수 있고 음악 분수와 미디어 파사드도
운영하고 있으니 온빛자연휴양림에 갈 일이 있다면
놓치지 말고 들러보자.

139

📷 인생사진 tip

● 성인대 끝자락에 올라서서
울산바위를 옆에 두고 사진을
찍어보자. 바위 끝부분까지
걸어갈 수 있으니 안전에 절대
유의하며 울산바위를 배경으로
한 다양한 장면들을 담아보자!

설경 끝판왕

강원도
화암사
성인대

　　한겨울, 강원도에 많은 눈이 내린다면 금강산화암사를 지나 성인대에 꼭! 가보길 추천한다. 눈이 가득 쌓인 울산바위를 눈높이에서 바라볼 수 있는데다가, 설악산의 뾰족 능선들과 속초 바다를 한눈에 볼 수 있어 매번 성인대에 갈 때면 설레는 마음을 감출 수 없다.

🏠 강원 고성군 토성면 화암사길 100(화암사)
🕐 24시간 연중무휴이나 2월 1일~5월 15일, 11월 1일~12월 15일 기간에는 입산이 통제됨
📍 대중교통을 이용하기 어려운 곳이므로 자가용 또는 렌터카 이용 추천
　　(주차 후 입구까지 도보 이동)
🚌 금강산 화암사 제1주차창 이용(신평골길 8-25, 유료)

　　이런저런 풍경들로 설명할 게 많지만 무엇보다 성인대의 하이라이트는 바로 울산바위 풍경이다. 워낙에 큰 바위들로 이루어져 있어 강원도 어디에서도 쉽게 보이지만 아래에서 바라볼 때와는 다르게 성인대에서 바라본 울산바위는 더 웅장하며 특히 겨울엔 설경을 배경으로 좋은 사진들을 담아낼 수 있다. 반려견과 등반할 수 있는 산 중 하나이니 온 가족이 함께 방문해 보자.

　　게다가 이곳은 입산 통제 시간이 별도로 없어 동해의 일출을 만나기 위해 새벽부터 산행하는 사람이 많다. 다만, 2월 1일부터는 입산이 통제되는 시기여서 설경과 일출을 동시에 구경할 수 있는 날은 많지 않다. 타이밍을 잘 맞춰 찾아가보자. 바람이 지나가는 길목이라서 강한 바람이 부는 날에는 위험할 수 있기에 꼭! 반드시 출발 전에는 날씨 체크를 해 안전에 유의해야 한다.

가평
어비계곡
빙벽

용문산과 유명산 사이에 숨은 듯 들어서 있는 어비계곡은 1월에서 2월, 영하권의 추위가 지속되면 바위를 따라 만들어진 거대한 빙벽이 장관을 이룬다. 아! 참고로 어비계곡 빙벽은 자연적으로 만들어진 것이 아니다. 1급수의 맑은 물을 인위적으로 얼린 빙벽이라서 다른 빙벽과는 조금 다르게 평소 밝고 깨끗한 푸른색을 띤다. 그 덕분에 맑은 날 빛이 들어올 때면 빙벽이 빛을 흡수해, 자연적으로 만들어진 얼음보다 새하얗고 밝은 얼음들을 바라볼 수 있다.

📍 경기 가평군 설악면 가일리 산 35
　※찾아가기 쉬운 방법 어비산장(어비산길 233)에서 도보 5분 거리
📍 대중교통을 이용하기 어려운 곳이므로 자가용 또는 렌터카 이용 추천(버스 이용 시 유명산 종점 정류장에서 하차 후 도보 15분 거리)
🚌 어비산장 주차장에 주차 후 도보 5분 이동 추천(유료)

빙벽이 매우 크고 빙벽 위와 옆은 산이라서 사진을 넓게 담아내면 배경이 조금 붕 떠 있는 느낌을 받을 수 있으니, 빙벽을 최대한 화면에 꽉 채워 촬영하는 것이 좋다.

지난해부터 어비계곡 한 편에 핫초코, 커피, 라면, 어묵 등을 먹을 수 있는 작은 포장 마차가 생겼다. 올겨울, 얼어붙은 몸을 녹이며 겨울에만 만날 수 있는 어비계곡 빙벽에서 사진 한 장을 찍어보면 어떨까?

롤케이크를 닮은 핑크뮬리길이 귀여운
합천
신소양
체육공원

9월 말에서 10월 초가 되면 언덕이 온통 분홍색으로 물드는 이곳은 하늘에서 바라보면 마치 분홍 롤케이크 같은 특별한 핑크뮬리밭이 펼쳐진 합천 신소양 체육공원이다. 공원 벤치에 앉아 사진을 찍어도 예쁘고, 포토존으로 만들어둔 프레임 안에 들어가 사진을 찍어도 예뻐서 사진을 찍고 찍히기 좋아하는 사람들에게 가을 여행지로 특히 추천한다. 단, 핑크뮬리밭 안으로 들어가서는 안 되니 주의하자.

🏠 경남 합천군 합천읍 영창리 898
📍 버스 이용 시 합천시외버스터미널에서 택시로 5분 거리
🚗 주차 가능(무료)

　10월 초에 열리는 축제 기간에는 안내 부스, 농특산물 판매 부스, 푸드트럭, 체험 및 홍보 프로그램, 핑크뮬리 포토존 등 즐길 거리가 많다. 핑크뮬리뿐만 아니라 황화 코스모스, 구절초 같은 가을의 꽃들을 함께 만나볼 수도 있으니, 가을을 제대로 즐기고 싶다면 축제 기간에 맞춰 방문하는 것을 추천한다.

　만약 드론을 가지고 있다면 꼭 항공샷으로 사진과 영상을 꼭 담아보자. 이색적인 가을의 분위기를 잘 담아낼 수 있다.

영도 청학배수지 전망대

부산은 산 중턱을 깎아 만든 산복도로가 많다. 그래서 언덕이나 산 위에 지어진 건축물과 관광지가 많고, 차를 타고 쉽게 높은 곳으로 접근할 수 있는 곳도 많다. 그중 청학배수지전망대는 부산 영도구에서 가장 뷰가 탁 트인 전망대이자 숨겨진 일몰 스폿이다. 특히 전망대에서 바라보는 부산항대교 불빛은 포토존으로 각광받을 정도로 아름답다. 경관조명은 계절에 따라 약간의 변동은 있으나 매일 오후 8시부터 11시까지 연출되니 이때를 놓치지 말자.

🏠 부산 영도구 와치로 36
📧 051-419-4000
🌐 yeongdo.go.kr
📍 기차 이용 시 부산역에서 차량으로 15분, 대중교통으로 40분 거리
🚌 남해지방해양경찰청 교육센터 앞 공터 주차(무료)

전망대를 지나 나무 데크길을 따라 정상에 도착하면 부산 영도구의 상징으로 알려진 전망대 조형물 '절영마'를 만날 수 있는데, 바로 그 뒤편에서 부산항대교의 자랑인 야경이 펼쳐진다. 특히 일몰 시간에는 지루할 틈이 없도록 시시각각 색이 변하며 전망대에서의 즐거움을 더해준다. 전망대에는 부산항대교를 바라볼 수 있는 전망대만 있는 게 아니라 총 두 개의 잔디 광장이 있다. 여기에는 각종 운동기구가 설치되어 있고 산책 코스로도 손색없으므로 어린아이 혹은 반려동물과 함께 찾은 사람에게 좋은 활동 포인트가 되어준다.

함께 가면 좋은 곳

복천사
청학배수지전망대에서 차량으로 10분 거리

📍 부산 영도구 산정길 4 📞 051-417-5551
🅿 주차 가능(무료)

도심 속 바다가 보이는 절로 유명한 부산의 사찰 복천사는
올라가는 길이 상당히 가팔라 힘들지만, 힘든 만큼
복천사에서 바라본 부산의 풍경은 이색적이다. 특히 가장
높은 곳에 올라 부산의 바다와 남항대교를 한눈에 바라볼
수 있으며 함께 사진에 담아낼 수 있기에 힘들더라도 꼭
가장 높은 전망대까지 올라가 보길 적극 추천한다.

캠퍼스에서 만나는 봄

대전 카이스트 KAIST 본원

대전의 봄 풍경 맛집 카이스트 본원을 소개한다. 벚꽃, 매화꽃, 목련꽃 등 봄의 대표 꽃들을 대학교 안에서 만날 수 있으며, 특히 주변에서 쉽게 보지 못하는 수양벚나무(처진 개벚나무)를 직접 볼 수 있다. 만약 활짝 핀 수양벚꽃을 보고자 카이스트 본원을 찾는다면 '카이스트 본원 오리 연못'을 검색하자. 쉽게 찾을 수 있다.

🏠 대전 유성구 대학로 291
📋 042-350-2114
📍 기차 이용 시 대전역에서 택시로 15분
　　버스 이용 시 대전복합버스터미널에서 택시로 15분 거리
🚗 카이스트 대학교 주차장, 오리 연못 옆 주차장(무료)

수양벚나무는 꽃이 포도송이처럼 풍성하게 피어나면 가지가 처지면서 아래로 떨어지는 모양을 하는데, 이 모습이 오리 연못과 매우 잘 어울려 카이스트의 봄 풍경 사진에 빠지지 않고 등장하곤 한다. 수양벚나무뿐만 아니라 오리 연못 옆 작은 공원에 있는 큰 목련 앞에도 벤치에 앉아 사진을 찍는 사람들이 많다. 목련꽃은 벚꽃에 비해 개화 시기가 빠른 편이며 가벼운 비바람에도 쉽게 떨어지기에 타이밍을 잘 맞춰야 사진을 남길 수 있으니 참고하자. 목련이나 벚나무처럼 밝은색 꽃나무 아래에서 사진을 찍을 때는 빛이 들어오는 시간대도 중요하다. 빛이 너무 강한 점심 전후에는 그림자도 강하여 자칫 인물이 어둡게 나올 수 있으니 오전 혹은 오후 3시 이후, 빛이 부드럽게 비추는 시간대를 추천한다.

카이스트 본원 내부를 모두 구경했으면 이번에는 외부로 나와보자. 대전 카이스트 입구와 둘레길을 등지고, 왼쪽으로 조금 걸어가면 개나리와 벚꽃이 활짝 핀 공원이 있다. 개나리는 오래 피어있는 봄꽃이라서 벚꽃 개화 시기에 맞춰 방문하면 이 공원에서 두 꽃이 함께 핀 모습을 구경할 수 있다. 카이스트는 캠퍼스뿐만 아니라 주변 공원까지 봄의 다양한 모습을 많이 품고 있어 봄에 특별히 추천하는 여행지이다.

드라마 <도깨비> 촬영지

고창
보리나라
학원농장
메밀꽃밭

매년 4월 중순부터 5월 중순까지 열리는 고창 청보리밭 축제는 2004년 개최 이래 전국 경관 농업 축제의 일번지로 자리매김했다. 그러나 지금 소개할 여행지는 청보리밭 축제가 아니다. 개인적으로 고창에서 정말 좋았던 메밀꽃밭을 소개하려 한다. 2016년에 방영된 tvN 인기 드라마 <도깨비>의 배경지로 유명한 이곳은 특히 9월 말, 드넓은 들판 위에 새하얀 눈이 쌓인 듯한 착각을 하게 만드는 감성적인 풍경이 정말 예쁘다.

- ⌂ 전북 고창군 공음면 예전리 469
- ☎ 063-564-9897
- 🕐 매일 09:00~18:30
- ₩ 없음
- ⊗ borinara.co.kr
- 📍 대중교통을 이용하기 어려운 곳이므로 자가용 또는 렌터카 이용 추천
  ※축제 기간에는 유료 셔틀버스 운영(정읍역▸고창버스터미널▸청보리밭 축제장)
- 🅿 보리나라 학원농장 1주차장 또는 2주차장 이용(무료)

📷 인생사진 tip

● 메밀밭 중앙에 있는 일명
'나 홀로 나무' 포토존에서
사진을 찍어보자. 가장
높은 언덕에 심겨 있어
하늘과 메밀밭 배경으로
좋은 사진을 담기 쉬우며
'나 홀로 나무'로 향해
걸어가는 인물 사진을
담아도 좋다.

사계절마다 각기 다른 꽃들을 볼 수 있어 그 어떤 계절에 방문해도 좋은 곳이다. 게다가 들판이 대략 17만 평으로 매우 넓어 일부러 밭을 나누어 파종 시기를 달리하고 있기 때문에 메인 시즌보다 조금 늦게 혹은 조금 이르게 방문하더라도 상태 좋은 꽃밭을 만날 수 있다. 또한, 메밀꽃만 있는 것이 아니라 메밀밭 옆으로 작은 코스모스들도 피어있어 더욱 풍성한 사진을 담아낼 수 있다.

메밀밭을 따라 만들어진 길을 걸으며 풍경을 구경하기 좋으며, 중간중간 길게 자란 해바라기들이 재미있는 포인트가 되어주기도 한다.

불갑산 상사화축제
학원농장에서 차량으로 40분 거리

📍 전남 영광군 불갑면 불갑사로 450
🕐 축제 기간 운영 시간 08:00~18:00
Ⓦ 축제 기간 입장료 3,000원(영광사랑상품권으로 전액 환급)
🅿 주차 가능(무료, 축제 기간 주차 안내 요원 있음)

한국에서 가장 드넓은 상사화밭을 만나볼 수 있는
불갑산 상사화축제는 매년 9월 중순 10일가량 축제가
열리며 천혜의 자연환경을 갖춰 상사화 이외에도 많은
야생화를 볼 수 있다. 하이라이트는 해탈교를 지나면
나오는 상사화밭 그중에서도 아침 풍경이다. 나무 사이로
들어오는 아침 햇살과 함께 담는 상사화 사진은 그림인가
싶을 정도로 매력적이다. 사람이 들어갈 수 있는 길들도
있어 꽃밭 배경 인물 사진을 찍을 수 있다.

📷 인생사진 tip

• 빛 받은 황룡원은 정말 예쁘다.
오후 3시 전후쯤 들어오는 빛과 함께
황룡원 사진을 담아보자. 인물 사진을
찍고 싶다면 황룡원 벚나무 밑이 좋다.
흩날리는 벚꽃잎과 함께 봄의 풍경을
제대로 남길 수 있다.

역사적 가치를 간직한 이색 건축물 배경의 포토존

경주 황룡원

봄과 여름에 사진 찍기 좋은 곳을 찾는다면 꼭 알려주고 싶은 포토존이 있다. 바로 경주 황룡원이다. 경주 보문 단지의 새로운 랜드마크로 주목받고 있는 황룡원은 역사 속 문화재인 황룡사 구층 목탑을 재해석하여 지은 이색 건축물이다. 하지만 이번에 소개할 곳은 황룡원 자체가 아닌 황룡원을 배경으로 활용하는 포토존이다. 그래서 시간 제약이나 비용 없이, 가성비 좋게 사진 찍을 수 있고 줄을 서서 기다리거나 줄을 서지 않기 위해 아침 일찍 방문해야 하는 수고스러움도 없다.

경북 경주시 엑스포로 40 근처

기차 이용 시 경주역에서 차량으로 30분, 대중교통으로 50분 거리

한국 대중음악 박물관 주차장 이용(유료)

　황룡원을 배경으로 촬영하는 것은 같지만, 봄 포토존과 여름 포토존의 위치가 다르니 꼭 계절에 맞는 곳을 방문하자. 봄 포토존은 경주의 오래된 벚나무들 아래에서 황룡원을 배경으로 촬영할 수 있는 곳이다. 도로변에 위치해 벚나무길이 길게 뻗어있으므로 누군가 앞서 촬영하고 있다고 하더라도 그 사람을 피해 조금 더 걸어가서 사진을 찍으면 돼서 좋지만, 도로변이다 보니 지나가는 차량이 사진에 담길 수 있어 타이밍 잡기는 어려운 편이다. 찾아가려면 황룡원을 바라보고 맞은편 인도를 따라 쭉 걸어가면 된다.

　다음으로 여름 포토존(164쪽 사진)을 소개하자면, 골목길에 있어 사람과 차량 통행이 적으므로 큰 방해 없이 촬영을 이어 나갈 수 있지만, 양쪽 도로변에 가끔 불법 주정차를 하는 일반 차량과 대형 버스가 있어 사진 구도가 안 나올 수 있다. 여름 포토존은 찾아가기 다소 어려울 수 있는데, SK텔레콤 경주천군기지국 옆 보문로 도로를 따라가면 된다.

함께 가면 좋은 곳

동궁과 월지 근처 연꽃 군락지
황룡원 포토존에서 차량으로 15분 거리

📍 경북 경주시 인왕동 56(동궁과 월지 주차장) ☎ 054-750-8655
🅿 주차 가능(무료)

여름철 경주를 방문한다면 꼭 동궁과 월지 주차장 맞은편
연꽃 군락지에 들러보길 추천한다. 동궁과 월지
주차장에서 내리면 바로 연꽃 군락지를 바라볼 수 있다.
군락지가 작은 편이 아니어서 연꽃잎이 피어나는 계절
(7월 중순에서 8월 초 사이)에 잘 맞춰 간다면 예쁘게
피어난 연꽃들을 무료로 즐길 수 있다.

분황사·황룡사지 청보리밭
황룡원 포토존에서 차량으로 15분 거리

📍 경북 경주시 구황동 772　🅿 분황사 주차장 이용(무료)

매년 6월이면 분황사와 황룡사지 앞의 새하얀 꽃밭을
만날 수 있다. 원래 4월의 연둣빛 청보리밭으로
유명한 곳이지만 개인적으로 더운 여름이 시작되기 전
6월쯤의 청보리꽃밭 풍경을 좋아한다. 데이지꽃을 닮은
청보리꽃은 들꽃이지만, 분황사 앞에 빼곡히 피어있는
모습을 본다면 웬만한 데이지꽃밭보다 아름답다는 생각이
떠오를 수밖에 없을 것이다.

서울숲과 한강을 한눈에 담을 수 있는

서울
응봉산

'그늘진 봉우리'라는 뜻을 가진 응봉산은 서울의 작은 산이다. 경치가 그림 같고 분위기가 아늑해 시민들에게 휴식의 장소로 잘 알려져 있다. 산책로와 등산로가 잘 정비되어 있어서 가벼운 산책을 즐기기 좋고, 봄에는 꽃이 만발하여 사진작가들에게 촬영 장소로 인기가 많다.

🏠 서울 성동구 금호동4가 1540

📞 02-2286-6061

📍 서울지하철 경의·중앙선 응봉역에서 광희중학교 담장 따라 도보 20분 거리

🚗 응봉역 공영 주차장 이용(유료)

응봉산은 개나리가 핀 산 아래로 경의·중앙선 열차가 지나가는 멋진 봄 풍경을 담을 수 있는 곳이다. 개나리와 산, 열차를 한 프레임 안에 담기 위해서는 서울숲 방면에서 응봉산을 바라보길 추천한다.

산 정상에서는 서울 도심의 전경을 한눈에 볼 수 있으며, 밤에는 도시의 불빛이 아름답게 펼쳐져 도심의 야경을 감상할 수 있다. 빌딩 숲에 막히는 것 없이 바로 앞으로 강이 있어 전망이 뻥 뚫려있기에 해가 질 무렵에는 성수동과 강남구 빌딩으로 퍼지는 노을빛이 장관을 연출한다. 이곳은 탁 트인 전망 덕분에 일출을 보기에도 좋은 장소로 1월 1일 해맞이 명소 중 하나로 꼽힌다. 그래서 매년 새해, 응봉산 정상에 있는 팔각정에서 응봉산 해맞이축제가 열리기도 한다.

함께 가면 좋은 곳

서울숲
응봉산에서 차량으로 10분 거리

서울 성동구 뚝섬로 273 ☎ 02-460-2905 주차 가능(유료)

응봉산 정상에서 보일 만큼 가까운 대규모 도시공원으로
도심 속 자연을 즐기고 싶은 사람들에게 인기가 많다.
서울숲은 주말에 예술·문화 행사, 축제 등 다양한
이벤트가 자주 개최되어 서울 시민들에게 색다른
즐거움을 선사한다.

포항에서 가장 스릴 넘치는 여행지

포항
환호공원
스페이스워크
Space Walk

포스코posco가 기획, 제작, 설치하여 포항 시민에게 기부한 국내 최대의 체험형 조형물로
오픈과 동시에 많은 사람에게 주목받은 곳이다. 특히 국내에서는 볼 수 없었던 독특한 모
양의 구조물이라는 점과 단순히 보는 걸 넘어 트랙을 따라 직접 걸어 올라갈 수 있다는 점
이 눈길을 끌었다. 단순히 관람을 넘어 체험하며 즐기는 공간이기에 포항을 방문한다면
꼭 한 번 체험해 보길 추천한다.

- 🏠 경북 포항시 북구 환호공원길 30
- 📋 054-270-5176/5180
- 🕐 하절기(4~10월) 평일 10:00~20:00/주말 10:00~21:00
  동절기(11~3월) 평일 10:00~17:00/주말 10:00~18:00
  휴무일 매월 첫째 주 월요일(단, 휴무일 외에도 기상 악화 시 통제될 수 있음)
- 💰 무료
- 🌐 spacewalk.or.kr
- 📍 기차 이용 시 포항역에서 차량으로 20분, 대중교통으로 30분 거리
- 🚗 환호공원 1~3주차장 이용(무료)

　　해당 조형물은 독일 뒤스부르크 앵거공원에 있는 롤러코스터 형태의 세계적인 조형물 '타이거 앤드 터틀 매직 마운틴Tiger&Turtle Magic Mountain'을 본떠 만들었으며 예술가 부부 하이케 무터, 울리히 겐츠Heike Mutter, Ulrich Genth의 작품이다. 하절기 일몰 시각에 방문한다면 더 높은 곳에서 포항의 시내와 바다 그리고 포항의 야경을 한 번에 즐길 수 있다. 단, 날씨에 따라 입장이 제한될 수 있기에 방문 전 필히 '스페이스워크' 홈페이지를 통해 운영 여부를 확인해야 한다. 동시 체험 가능 인원은 150명이며 신장 110cm 이하는 이용 불가이니 가족 여행으로 갈 경우 반드시 체크하자.

이가리닻전망대

스페이스워크에서 차량으로 30분 거리

ⓐ 경북 포항시 북구 청하면 이가리 산67-3 ☎ 054-270-3204
🕐 매일 09:00~18:00(6~8월은 20:00까지 연장 운영)
ⓦ 무료 🅿 주차 가능(무료)

위에서 내려다본 모습이 닻 모양을 하고 있어 이와 같은
이름이 붙여졌다. 높이 10m, 길이 102m 규모로 포항의
바다가 한눈에 바라다보이며, 전망대의 끝은 독도를
향한다. JTBC 드라마 <런 온> 촬영지로 유명해지기
시작하여 한국인뿐만 아니라 외국인 관광객에게도 인기가
많은 여행지로 자리 잡고 있다.

이국적인 초록빛 포토 스폿

단양
이끼터널

도로 양쪽 벽에 이끼가 자라나면서 TV 프로그램에 자주 소개되어 유명해지기 시작했다. 이끼터널은 중앙선 철도의 일부로 충주댐이 완공되면서 철로를 걷어내고 포장도로를 만드는 과정에서 생성되었다. 봄부터 여름까지 사진 찍기 좋은 장소로, 따로 포토존이 있는 것이 아니라 왕복 2차선의 좁은 도로 위에서 양쪽 벽을 배경으로 촬영해야 하는, 약간의 위험을 감수해야 하는 곳이니 사진을 찍을 땐 꼭 주의하자. 이끼터널에는 연인끼리 손을 맞잡고 거닐면 영원한 사랑이 이루어진다는 아름다운 전설이 있으니 기회가 된다면 연인과 함께 방문해 추억을 쌓아봐도 좋겠다.

🏠 충북 단양군 적성면 애곡리 129-2
☎ 043-420-3035
📍 대중교통을 이용하기 어려운 곳이므로 자가용 또는 렌트카 이용 추천
　(기차 이용 시 단양역에서 차량으로 7분 거리)
🅿 수양개빛터널 주차장 이용 (무료)

　이끼가 자랄 만큼 그늘지고 습하지만, 여름엔 울창하게 자란 나무들이 햇빛을 가려 줘 시원한 편이라 더운 날 방문해도 좋다. 반면, 가을과 겨울은 이끼가 들어가는 계절로 이끼가 말라 있거나 터널이 다소 횅한 느낌을 받을 수 있다.

　한 가지 아쉬운 점은 이끼터널이 낙서로 훼손된 모습이다. 죽은 이끼가 다시 자라기까지 최소 2년 이상 걸린다고 하니 이끼터널에 방문하게 된다면 자연을 아끼는 마음 만큼은 잊지 말았으면 좋겠다.

만천하스카이라운지카페

이끼터널에서 챠량으로 10분 거리

📍 충북 단양군 적성면 옷바위길 60-186 3~4층 ☎ 070-7783-1109
🕐 매일 9:00-18:30(라스트 오더 18:00)
🅿 전망대 휴무일에만 주차 가능(전망대 운영 중에는 셔틀버스와
모노레일만으로만 방문 가능)

이끼터널에서 멀지 않은 곳에 있는
만천하스카이라운지카페는 만천하스카이워크
모노레일 상부 정류장인 3, 4층에 있다. 높은 층고를
자랑하는 이곳의 큰 창으로 보이는 창밖 경치가 정말
예쁘다. 카페의 대표 메뉴인 땅콩커피를 주문하면 수제
땅콩크림과 진한 라테의 조화를 맛볼 수 있다. 창 너머로
남한강의 경관을 바라보며 커피의 맛을 제대로 느껴보자.

📷 인생사진 tip

● 겨울철 눈 내리는 날에 꼭 한 번 가보길
추천한다. 쭉 뻗은 눈길 위, 나란히 늘어선
삼나무에 또 한 번 소복이 눈이 쌓인
겨울의 풍경이 아름답다. 단, 한라산 자락
아래에 위치해 종종 통제될 수 있으니
겨울철에는 날씨를 잘 체크해야 한다.

한라산 둘레길 명소

제주
사려니숲길

　'제주도를 여행할 때 사려니숲길을 빼먹으면 안 된다'는 말이 있을 만큼 인기 스폿인 사려니숲길은 제주의 숨은 비경 31곳 중 한 곳이다. '사려니'는 신성한 숲이라는 뜻이다. 그래서인지 삼나무, 졸참나무, 서어나무, 편백 등 많은 종류의 수종이 숲을 이루고 있고 오소리, 제주족제비, 노루, 고라니 등 다양한 포유류와 팔색조, 참매 등의 조류, 쇠살모사 같은 파충류까지 서식하고 있어 신성한 나무와 동물들을 쉽게 만나볼 수 있다. 본래 자연의 모습을 최대한 보존한 상태에서 숲길 트래킹 코스를 만들어 몸과 마음으로 제주의 청정한 공기와 함께 자연을 느끼기 좋은 스폿이다.

🏠 제주 서귀포시 표선면 가시리 산 158-4(한라산둘레길 숲길센터)
📱 064-784-4280
🕐 입장 시간 제한이 없고 연중무휴지만 기상악화 시 입장이 통제됨
💰 없음
📍 제주국제공항에서 차량으로 45분, 대중교통으로 55분 거리
🚌 양쪽 갓길 주차장(무료)

사려니숲길은 사려니오름까지 이어진 숲길이다. 산책 코스는 총 3개로 가장 많은 사람이 걷는 코스는 '무장애나눔길'이다. 전 구간 나무 데크로 조성되어 있고 30분 정도 걸린다. 흙길이 아닌 나무 데크길이라서 거동이 불편한 분들 또한 제주의 자연을 만끽할 수 있다. 만약 흙길을 걸으며 제주의 자연을 보다 더 가깝게 느끼고 싶다면 물찻오름이나 남조로 코스를 선택하면 좋다. 무엇보다 사려니숲길은 스냅 사진을 찍기에 최적의 장소다. 웨딩, 커플, 가족, 개인 스냅 등 다양한 사람들과 여러 상황에서 사진 찍기 좋은 배경을 가지고 있다.

식물집카페
사려니숲길에서 차량으로 40분 거리

📍 제주 서귀포시 서호로 21-3 📞 010-8908-8815
🕐 일~목요일 11:00~18:30 휴무일 매주 금요일, 토요일
🅿️ 주차 가능(무료)

양옥집을 카페로 개조하여 외관에서부터 SNS 감성이
묻어난다. 외부 정원에서부터 실내 공간까지 곳곳에
식물들이 가득해 따뜻한 느낌을 준다. 카페 외부에는
유리 온실이 있는데, 이 공간은 플랜트 숍으로 마음에
드는 식물을 바로 구입할 수 있다. 외부뿐만 아니라 실내
공간에서 각종 토분도 판매한다. 물론 여기는 커피와 차를
마시는 카페다.

경기도 선호 여행지 1위
경기 광주
화담숲

약 5만 평의 대지에 4천 3백여 종의 국내외 자생·도입 식물을 구경할 수 있는 화담숲. 화담은 '정답게 이야기를 나누다'라는 의미로 인간과 자연이 교감할 수 있는 생태 공간을 지향하는 마음으로 만들었다고 한다. 이곳에는 총 16개의 테마원이 마련되어 있으며, 남녀노소 누구나 친환경적인 생태공원을 가까이에서 마주할 수 있다. 봄, 여름, 가을 모두 예쁘지만, 화담숲의 메인 계절은 가을이라고 생각한다. 단풍이 물든 화담숲의 가을 풍경은 가히 국내에서 손꼽힐 만하다.

🏠 경기 광주시 도척면 도척윗로 278-1

📞 031-8026-6666

🕐 화~일요일 09:00~18:00(계절 및 기상 상황에 따라 운영 시간 유동적)
　　휴무일 월요일

💰 성인 11,000원/청소년·경로 9,000원/어린이 7,000원(모노레일 탑승권 별도)
　　*모노레일 탑승권 1승강장 ▶ 2승강장 - 일반 5,000원/어린이 4,000원
　　1승강장 ▶ 3승강장 - 일반 7,000원/어린이 6,000원
　　1승강장 ↔ 1승강장(왕복) - 일반 9,000원/어린이 7,000원

🅝 hwadamsup.com

📍 지하철 이용 시 수도권지하철 경강선 곤지암역에서 차량으로 15분, 대중교통으로 30분
　　거리(광주9번 버스 탑승 후 화담숲 하차)
　　버스 이용 시 곤지암 터미널에서 차량으로 10분, 대중교통으로 40분 거리

🅿 주차 가능(무료)

　100% 온라인 예약으로 입장권을 판매하는데, 워낙 인기가 많아 주말과 공휴일에는 매진일 경우가 많으니 사전 예매는 필수! 원하는 날짜와 시간에 예약하지 못했다면 하루나 이틀 전 취소된 표를 노려보자.

　화담숲을 구경하는 방법은 두 가지다. 하나는 모노레일을 이용해 상부까지 편하게 가는 방법이고, 다른 하나는 1시간 30분에서 2시간 정도의 코스를 걷는 방법이다. 걷기 불편한 분이 아니라면 가급적 두 번째 방법을 추천한다. 모노레일을 타면 볼 수 없는 곳들이 생각보다 많고, 상부로 향해 걸어갈 때 마주하게 되는 모노레일과 단풍 조합이 더할 나위 없이 좋기 때문이다. 특히 사진 찍기를 좋아한다면 걷는 코스를 적극 추천한다. 경사가 완만해 유모차나 휠체어 이동도 가능하다.

단풍나무 사이사이로 비추는 햇살과 사람들의 모습은 촬영 포인트이자 힐링 포인트가 된다. 가을 시즌에 맞춰 화담숲은 단풍나무, 아스타 국화, 자작나무, 국화꽃 등 여러 가을 꽃을 한 곳에서 볼 수 있도록 공원을 조성한다. 각 구간을 지날 때마다 바뀌는 형형색색의 풍경에 카메라 셔터를 연신 누르게 되며, 곳곳에서 들리는 관람객들의 웃음소리에 발걸음이 저절로 행복해지는 여행지이다.

📷 인생사진 tip

● 함덕 서우봉으로 올라가는
길목에서 바라본 함덕해수욕장의
모습을 사진으로 남겨보자.
봄에는 유채와 바다의 조합을
만날 수 있고, 여름에는
해바라기와 바다의 조합 그리고
바닷가 근처에서 다양한
방식으로 바다를 즐기는
사람들을 구경하는 재미가 있다.

이국적인 분위기가 물씬 느껴지는

제주
함덕해수욕장

제주에는 해수욕장이 정말 많다. 그중 하늘이 예쁘게 물들기로 유명한 함덕해수욕장은 제주시로부터 14km 떨어진 동쪽에 자리 잡고 있어 동쪽을 오가는 여행객들이 많이 찾는 대표 관광지이다. 정말 자주 가보았지만, 특히 서우봉에 올라서서 바라본 함덕해수욕장의 모습을 좋아한다. 푸른 빛 바다와 이국적인 해수욕장 분위기가 더해져 정말 아름답다. 더불어 서우봉은 매년 2~3월이면 유채가 꽃을 피워 여름철뿐만 아니라 추운 겨울에도 관광객들이 많이 찾는다.

🏠 제주 제주시 조천읍 조함해안로 525
📱 064-728-3989
📍 제주국제공항에서 차량으로 45분, 대중교통으로 1시간 거리
🚌 서우봉 주차장 1, 2 이용(무료)

    함덕에는 해수욕장뿐만 아니라 도보 이동이 가능한 해안 산책로도 있는데, 이 산책 길만 잘 따라간다면 함덕해수욕장의 처음과 끝을 모두 구경할 수 있다.

    함덕해수욕장은 다른 해수욕장들에 비해 호텔과 편의시설이 많아 젊은 관광객이나 오션뷰 숙소를 원하는 분들이 많이 선호하는 지역이다. 기온이 따뜻한 초여름과 가을쯤에 는 바다 위에서 서핑과 카약을 타는 사람들을 쉽게 마주칠 수 있으며 해수욕장 뒤편으로 는 무료 캠핑장이 있어 캠핑족과 바다, 스포츠를 사랑하는 사람들이 즐겨 찾는다. 여름 휴 가철에는 중앙 해변에서 버스킹 공연이나 수공예품을 파는 야시장이 열리기도 하니 제주 여행 코스를 짤 때 참고하기 바란다.

안돌오름

함덕해수욕장에서 차량으로 30분 거리

📍 제주 제주시 구좌읍 송당리 산66-2 🕐 매일 09:00~18:30
💰 일반 3,000원/경로 우대(65세 이상) 2,000원/7세 이하 무료
🅿 안돌오름 입구 갓길 주차 가능(무료)

'비밀의 숲'이라는 별명이 붙은 매력적인 제주 여행지다.
안돌오름은 위로 길게 뻗은 삼나무길을 따라 숲속을
천천히 걸을 수 있는 작은 오름이다. 빛이 나무에
가려져 그림자가 생긴 아름다운 모습을 마주할 수 있다.
개인적으로 제주를 여행하면 빼먹지 않고 꼭 한 번씩
가는데, 특히 사진가에게 늘 인기가 있어 이곳에서 스냅
사진을 많이 찍는다. 안돌오름은 개인이 조성한 숲이라
성인 기준 3,000원의 입장료를 내야하지만, 그 금액이
절대 아깝지 않다. 숲 중간중간 펼쳐지는 넓은 밭에는
계절별로 여러 꽃이 피어나도록 파종에 신경을 쓰고
있다고 한다.

📷 인생사진 tip
● 미디어 파사드 오로라를
배경으로 사진을 찍어보자.
1배 줌으로 카메라를 바닥과
가까이한 후, 인물의 발끝을 사진
아래에 맞춰 촬영한다. 미디어
파사드 구동 시간이 한 타임당
3분 전후로 짧으니 미리 자리를
잡고 카메라 구도도 체크하는
것이 좋다. 광각 촬영 시 양옆이
왜곡될 수 있으니 비추천!

인천
인스파이어
엔터테인먼트
리조트
Inspire Entertainment Resort

다채로운 시설과 각기 다른 콘셉트로 동북아 최대 규모를 자랑하는 초대형 복합 리조트다. 5성급 호텔을 갖추고 있으며 1만 5천 석 규모의 국내 최초 다목적 공연장 '아레나', 1년 내내 여름 햇살을 느낄 수 있는 유리 돔 형태의 실내 워터파크 '스플래시 베이', 최대 3만 명이 즐길 수 있는 다양한 액티베이션 등 여러 시설을 갖추고 있다. 하지만 이곳이 더 특별한 이유는 150m 길이의 초고화질 LED 천장에서 보여주는 미디어 파사드Media Facade '오로라'와 LED 키네틱 샹들리에Kinetic Chandelier '로툰다'가 보여주는 압도적인 모습 때문이지 않을까 싶다.

🏠 인천 중구 공항문화로 127
☎ 032-580-9000
🕐 입장 시간 제한 없음. 연중무휴
💰 없음
Ⓡ inspirekorea.com
📍 무료 셔틀버스 이용
　①인천공항 T1 2C, 14C 구역에서 탑승 가능(하루 15회 운영)
　②인천공항 T2 6A 구역에서 탑승 가능(하루 16회 운영)
　③인스파이어 리조트▸홍대입구역▸명동역▸대림역▸인스파이어 리조트(하루 4회 운영)
📷 미디어 파사드 관람 예정이라면, E주차장 추천(30분 무료, 초과 시 유료)

실제로 오로라와 로툰다를 마주한다면 압도적인 모습에 할 말을 잃고 위와 양쪽 옆에 있는 LED를 구경하기 바쁠지도 모른다. 미디어 파사드가 150m로 매우 길어서 방문객이 몰리는 시간에도 큰 문제 없이 편하게 미디어 아트를 즐길 수 있다. 또한, 이 모든 미디어 아트는 리조트에 투숙하지 않더라도 구동 시간에 맞춰 가면 구경할 수 있다. 오로라는 매 시즌 새로운 콘텐츠가 업데이트되어 리조트를 찾는 분들에게 다양한 모습을 보여줄 예정이라고 하니 기대를 하고 방문해 보자. 미디어 아트를 즐길 수 있는 공간 외에도 여러 타입의 레스토랑과 바 그리고 외국인 전용 카지노가 있다.

영종도 하늘정원

인스파이어 엔터테인먼트 리조트에서 차량으로 15분 거리

◎ 인천 중구 운서동 2848-1
🚗 주차 가능(무료)

여러 계절 꽃을 비롯해 국내에서 비행기를 가장 가깝게 볼
수 있는 공원이다. 실제로 비행기가 이착륙하는 장면을
머리 위에서 마주할 수 있다. 사진으로 담으면 비행기를
터치하는 듯한 혹은 마치 합성한 듯 비행기가 머리 바로
위를 지나가는 모습을 담을 수 있는 스폿이다.

국내 최대 수선화 군락지

서산유기방가옥 수선화축제

드라마 <미스터 션샤인>과 <직장의 신> 촬영지인 서산유기방가옥은 1919년에 지어진 일제강점기 전통 가옥으로 충청남도 민속문화재 제23호다. 이곳은 1년 중 3월 말부터 4월 중순 또는 말까지 짧은 봄 시기만 관람이 허락되는 수선화축제로도 유명하다. 국내 최대 수선화 군락지로 약간의 경사가 있는 야산의 송림 사이에 조성되어 있다. 흙과 비포장길이 있으니 방문 계획이 있다면 이 점을 고려해 옷과 신발을 선택하자.

🏠 충남 서산시 운산면 이문안길 72-10
☎ 041-663-4326
🕐 축제 기간 매일 07:00~19:00
💲 일반 4,000원(축제 기간 8,000원)/경로(만 65세 이상) 3,000원(7,000원)/
유아·청소년(만 4~18세) 3,000원(6,000원)/장애인(1~3급) 3,000원(6,000원)/
당진시(수당리) 주민·운산면민 무료
Ⓝ 서산유기방가옥.gajagaja.co.kr
📍 대중교통을 이용하기 어려운 곳이므로 자가용 또는 렌터카 이용 추천
(버스 이용 시 운산정류소에서 택시로 5분 거리)
🚌 주차 가능(무료), 만차 시 용장천 하상 무료 주차장에 주차 후 무료 셔틀버스 이용

수선화밭이 워낙 넓어 총 세 개의 구역으로 나뉘어 있다. 제1, 2, 3구역으로 불리는데 세 곳 모두 수선화 만개 시기가 다르다. 매년 날씨와 기온에 따라 약간의 차이는 있지만, 제1구역의 수선화가 3월 말에 만개하고 제2구역은 4월 초, 마지막으로 제3구역은 4월 중순부터 말 사이에 만개한다. 수선화는 빠르게 피어났다 금방 저무는 꽃 중 하나지만, 구역별로 만개 시기가 다르다 보니 며칠 일정을 미루게 되더라도 꽃을 보지 못한다는 큰 부담 없이 방문할 수 있는 좋은 조건을 가지고 있다.

혹시 '드넓은 밭에 덩그러니 수선화만 잔뜩 피어있는 것 아닌가?' 싶은 생각이 들 수도 있겠지만, 서산유기방가옥에는 1900년대 초반에 지어진 전통 가옥이 있어 고즈넉한 풍경을 더해준다. 게다가 가옥의 내부를 드나들 수 있고, 가옥 내부에서 문을 프레임으로 두고 사진 촬영할 수 있는 포토존도 있다. 마루 위에서 사진을 찍을 수도 있으며 마당을 돌아 뒤편 장독대가 있는 공간에 서서 사진을 찍을 수도 있다.

거제 독봉산 웰빙공원

　　따뜻한 날씨가 먼저 시작되는 남쪽 지방으로 봄 여행을 계획 중이라면, 거제도를 추천한다. 거제도는 대한민국에서 두 번째로 큰 섬으로 볼거리가 다양해 이 책에도 자주 등장한다. 그중에서 지금 소개하는 웰빙공원은 봄꽃 축제를 즐기기 좋은 곳이다. 3월 말, 벚꽃이 만개하는 시즌에 방문하면 더욱 좋지만, 벚나무와 더불어 튤립, 무스카리, 데이지, 아네모네 등 봄의 꽃들이 한자리에 모여있어 3월이 아니더라도 언제든 봄을 만끽할 수 있다.

📍 경남 거제시 상동동 1005-17
📍 버스 이용 시 고현버스터미널(거제시외버스터미널)에서 차량으로 5분, 대중교통으로 20분 거리
🅿 주차 가능(무료)

201

벚꽃 시즌 독봉산 웰빙공원의 하이라이트는 바로 벚꽃터널이다. 1km에 달하는 긴 벚꽃터널과 옆으로 흐르는 고현천 그리고 알록달록한 색의 벤치가 따뜻한 봄의 모습을 보여준다. 독봉산 웰빙공원 포토존은 크게 두 곳으로, 앞서 설명한 벚꽃터널과 공원 안 봄꽃들이 전시된 곳이다. 공원 안에 벚나무가 많진 않지만, 구역별로 다양한 이름을 가진 꽃이 있어 보는 재미가 있다. 또한, 잔디 출입 및 취식 등을 제한하지 않아 곳곳에서 돗자리를 펴고 여유롭게 봄을 즐기는 사람들을 쉽게 찾아볼 수 있다. 연인 혹은 친구, 가족과 함께 방문한다면 돗자리를 꼭 챙기자.

구조라해변길 수선화밭

독봉산 웰빙공원에서 차량으로 30분 거리

경남 거제시 일운면 구조라리 309-1
수선화밭 옆 갓길 주차 가능(무료)

서산이나 구례에 있는 수선화밭 정도의 규모는 아니지만,
바닷가 바로 앞에 있어 멋진 사진들을 촬영할 수 있는
인생사진 스폿이다. 돌담 위에 앉아있는 사람과 그 아래
노란 수선화가 피어있는 장면을 연출하면 규모가 큰
수선화밭 못지않은 만족감 높은 사진을 찍을 수 있다.
수선화가 가장 화려하게 피어나는 시기는 매년 차이가
있지만, 평균적으로 3월 말이다.

유럽 중세시대 성을 연상케 하는
거제
매미성

거제 바다를 한눈에 바라볼 수 있는 매미성은 거제도 공식 대표 관광지로 소개될 만큼 관광객의 발걸음이 끊이지 않는 곳이다. 유럽의 성벽을 닮은 이국적인 모습의 매미성이 만들어진 계기는 조금 특별하다. 2003년 태풍 매미로 600평 텃밭의 농작물이 모두 쓸려가 버린 뒤, 다음 태풍이 올 것을 대비해 한 시민이 20여 년의 세월 동안 무너진 토사 경계면에 혼자서 벽을 쌓아 올렸다고 한다. 돌과 시멘트로 쌓아 올린 모양새가 성처럼 보여 매미'성'이라고 부르게 되었다.

🏠 경남 거제시 장목면 복항길 29(또는 대금리 290)
📍 버스 이용 시 고현버스터미널에서 차량으로 20분, 대중교통으로 40분 거리
🚗 매미성 입구 맞은편 주차장 이용(무료)

매미성에는 포토 스폿이 정말 많이 있으니 한 곳에서 오랜 시간 촬영하기보단 여러 스폿을 돌아가며 담길 추천한다. 성벽 위에 앉아서 하늘을 배경으로 촬영하는 것도 추천! 매미성 내부에서 바다를 배경으로 촬영할 경우 배경의 절반 이상이 파란색이므로 어두운 색상보다 밝은 파스텔 계열의 의상을 입자. 매미성은 아직 증축과 개축 작업을 하고 있어 휴일에 방문하면 성채 쌓는 모습을 직접 볼 수도 있다.

함께 가면 좋은 곳

대금산 진달래꽃축제
매미성에서 차량으로 25분 거리

📍 경남 거제시 연초면 명동리 ☎ 055-639-3399
🅿 도해사에서 10분 진입 시 나오는 넓은 공터 주차장 이용(무료)

거제도 북단에 위치한 대금산은 매년 3월 말부터 4월이
되면 산 전체가 언덕을 따라 분홍빛 진달래 군락지로
풍경이 변한다. 1997년부터 시작되었다는 대금산
진달래꽃축제는 많은 사진가와 등산가들에게 4월 필수
여행지로 꼽힌다. 산 중턱에 있는 '진달래 터널'에서 꼭
인물 사진을 찍어보자. 인물의 머리에 진달래가 닿지 않는
곳에 선 후 카메라 앞 진달래꽃들을 약간 당겨와 발 아래에
진달래꽃들이 보일 수 있도록 촬영하면 된다.

207

파도와 시간이 만들어낸 조각품

경주 전촌용굴

이번 스폿은 자연이 만든 해식동굴과 바다가 어우러진 아름다운 여행지로 역사의 도시 경주를 여행하면서 조금 더 특별한 장소에 방문하고 싶은 사람이 가기에 딱 알맞은 곳이다. 전촌항 근처에 있어 '전촌용굴'로 불리는데 단용굴과 사룡굴, 두 개의 동굴이 자리하고 있어 한 공간에서 두 동굴을 만나볼 수 있는 게 큰 특징이다.

🏠 경북 경주시 감포읍 장진길 39
📍 기차 이용 시 경주역에서 차량으로 50분, 대중교통으로 1시간 30분 거리
🚗 전촌항 주차장 이용(무료)

전촌항에서부터 감포깍지길 해안도로를 따라들어가면 돼서 길찾기는 쉽지만, 동굴에 도착하기까지 나무 데크와 흙길을 번갈아가며 20분 정도 걸어야 해서 살짝 힘들 수 있다. 하지만 도착지에 다다른 순간 보이는 자연이 만들어낸 자연 조각품은 힘듦을 잊게 해준다. 여기서 가장 조심해야 할 부분은 바로 물때! 바다와 맞닿은 동굴이다 보니 밀물 때 혹은 날 씨가 좋지 않은 날에는 파도가 심해 동굴 근처에 가기 힘들 정도로 위험하다. 꼭 간조에 맞 춰 그리고 바다 날씨를 확인한 후 방문해야 한다. 물때는 인터넷 포털 검색창에 '전촌항 물 때'를 검색하면 쉽게 확인할 수 있다. 일출, 일몰뿐만 아니라 동굴 안에서 여름철 은하수를 촬영할 수 있다고 하니 특별한 사진을 남기고 싶다면 한번 도전해 보는 것도 좋겠다.

📷 인생사진 tip

● 가장 메인 포토존은 숲속의 기찻길이다.
기찻길 위에서 어떠한 포즈를 취해도 이색적인
분위기를 연출할 수 있다. 두 가지 스타일의
기찻길이 있어 대기하는 시간도 짧다.

걷기 좋은 길

제주
산양큰엉곳

  화산 활동으로 분출된 용암들이 불규칙하게 쪼개져 만들어진 지형 위에 독특한 생태계가 형성된 숲을 제주 고유어로 곶자왈, 곶이라 한다. 제주의 천연 원시림으로 경작조차 할 수 없었던 버려진 땅이었지만, 지금에 와서는 자연을 중점적으로 잘 보전하여 관광객의 발길을 끌어들이고 있다. 제주시 한경면에 위치한 산양큰엉곳은 그중에서도 숲 중간중간 꾸며놓은 포토존들 덕분에 매우 유명해졌다. 마치 동화 속에 들어온 듯 아기자기한 인형들과 나무로 만들어둔 사슴 등과 함께 사진을 찍을 수 있다.

🏠 제주 제주시 한경면 청수리 956-6
📠 064-772-4229
🕐 매일 09:30~18:00(입장 마감 17:00)
🎟 성인 6,000원/청소년·어린이·경로 우대(만 65세 이상) 5,000원/제주도민 3,000원
📷 instagram.com/sanyang_keunkot
📍 제주국제공항에서 차량으로 50분, 대중교통으로 1시간 10분 거리
🅿 주차 가능(무료)

　　산양큰엉곶에서는 소와 말이 달구지를 끌고 가는 제주의 옛 모습을 볼 수도 있다. 현
재는 개방한 지 약 4년밖에 되지 않아 아직 증설 중이므로 시간이 지날수록 사진 명소가
많아지고 있고 시즌별로 포토 스폿이 약간씩 변경되기도 한다.
　　탐방로는 총 두 곳으로 큰엉곶 숲길과 달구지길이 있다. 조금 더 편안하게 다양한 포
토존들을 경험하고 싶다면 달구지길을 이용하는 것이 좋고 조금 힘이 들더라도 숲속을 거
닐며 힐링하고 싶다면 큰엉곶 숲길을 이용하는 게 좋다. 탐방 시간은 1시간 30분 내외다.

산양큰엉곳 반딧불이축제

- 5월 말부터 7월 중순까지 제주에서는 반딧불이를 만나볼 수 있다. 반딧불이가 가장 활발하게 출연하는 딱 한 달의 시기에만 반딧불이축제 체험 신청을 받는다. 보통 6월 초부터 진행되며 예약 마감이 빠른 편이기에 관심이 있다면 수시로 공지를 확인하는 것이 좋다. 반딧불이 특성상 빛을 비추면 안 되기에 체험 시 숲길이 불빛 하나 없이 어둡다. 어두움도 잠시, 양옆으로 수없이 많은 반딧불이를 가까이에서 볼 수 있어 이색적이고, 오래도록 기억에 남는 체험이다.

📷 **인생사진 tip**

● 2층 태고의 정원에 있는 중앙 포토존은
인물 사진을 찍기에 정말 좋다. 양옆으로
이어진 조명과 꽃, 뒤편으로 크게 들어선
나무까지 사진을 예쁘게 만들어주는
배경 요소가 다양하다. 늦은 오후는 사진
찍는 사람이 많으니 이른 오전 시간대를
노려보자.

인천 메이드림 MADE林

　　120여 년의 역사를 가진 건물을 복합 문화 공간으로 재탄생시킨 메이드림은 카페로 운영하는 숲의 전당, 전시관인 숲의 별당, 작은 정원과 꽃사슴을 볼 수 있는 헤리티지관 이렇게 3개의 동으로 구성되어 있다. 메인 공간인 숲의 전당은 지하 1층 지상 3층 규모로 각 층마다 콘셉트가 모두 다르다. 지하 1층은 땅의 생성, 지상 1층은 물과 하늘, 2층은 태고의 정원, 3층은 물의 공간으로 벌과 나비의 숲을 표현하여 지하에서부터 3층까지 올라가며 구경하다 보면 땅에서부터 하늘로 올라가는 듯한 느낌을 받을 수 있다.

🏠 인천 중구 용유서로479번길 42

📋 0507-1351-1904

🕐 매일 10:00~21:30
　　*네이버 예약으로 좌석 예약 가능

🔖 fnplace.co.kr

📍 인천국제공항에서 차량으로 15분, 대중교통으로 40분 거리

🚗 주차 가능(무료)

　　소망의 첨탑이라고 하는 루프탑도 있어 주문한 식음료를 기다리는 동안 방문해 봐
도 좋다. 소망의 첨탑 중앙 테이블들은 모두 예약제로 운영되고 있기에 사전 예약이 필수
이며, 이곳을 기준으로 재즈 라이브 같은 공연을 진행하기도 한다. 야외로 나와 하얀색의
교회 건물로 발걸음을 옮기면 메이드림의 콘셉트에 맞춘 빛과 어둠, 자연에 대한 전시가
있으며 '메이'와 '드림'이라는 이름을 가진 두 마리 사슴도 만날 수 있다.

메이드림은 기획부터 오픈까지 1년 이상 소요되었고 핵심 고객을 2030세대로 설정했기에 그에 맞는 공간들로 꽉 채워져 있다. 덕분에 개점 후 빠르게 각종 SNS에서 인기 카페로 자리매김했다. 일반적인 카페보다 커피, 스무디, 에이드, 주스 등의 음료와 각종 요리 메뉴가 많으며 영종도 지역을 살린 음식도 맛볼 수 있다.

거창
갈계숲

인적이 드물어 조용히 꽃무릇을 즐길 수 있는 공간이다. 갈계숲은 감악산, 우두산 출렁다리, 덕유산 중간에 자리 잡고 있어 다른 여행지들과 함께 하나의 여행 코스로 들리기 좋다. 수선화과에 속하는 꽃무릇은 9월이 제철이니, 가을 단풍 구경 시 함께 들러도 좋겠다. 더군다나 다른 유명 여행지에 비해 붐비지 않는 편이라 꽃무릇과 함께 조용한 힐링을 즐길 수 있다.

🏠 경남 거창군 북상면 송계로 731-42
📋 055-940-3420
📍 버스 이용 시 거창버스터미널에서 차량으로 25분, 대중교통으로 1시간 거리
🚗 북상초등학교 앞 공터 이용(무료)

📷 인생사진 tip

📍 오전 시간에는 빛이
곧무릇에 잘 떨어져서
빛 내림 사진을 연출하기
좋은 스폿이다.

갈계숲에는 꽃무릇 군락지 사이사이 평균 20m가 넘는 높이의 200~300년 된 소나무와 느티나무가 자라고 있어 동양의 미가 돋보이는 풍경을 만나볼 수 있다. 게다가 그 옆으로는 큰 하천이 있으니 정자에 앉아 멍하니 꽃무릇을 바라보며 흐르는 계곡 물소리와 함께 힐링해 보자. 불갑산에 위치한 상사화 꽃밭과 비슷한 듯 다른 느낌이다.

함께 가면 좋은 곳

우두산 출렁다리(거창Y자형출렁다리)
갈계숲에서 차량으로 50분 거리

📍 경남 거창군 가조면 수월리 산19 ☎ 055-940-7936
🕐 하절기(3월~10월) 09:00~17:50(매표 마감 17:00)/
동절기(11월~2월) 09:00~16:50(매표 마감 16:00) 휴무일 월요일
💲 3,000원(거창사랑상품권으로 2,000원 환급. 단, 힐링랜드 내 카페,
매점, 하나로마트에서 사용 불가)
🅿 평일 항노화힐링랜드 주차장 이용 주말 임시 주차장(경남 거창군
가조면 마상리 10)에 주차 후 무료 셔틀버스로 이동

국내 최초 Y자 출렁다리를 만나볼 수 있다. 해발 620m
우두산 자락에 설치되어 아찔한 높이를 자랑하며
깎아지른 협곡을 세 방향으로 연결한 국내 유일의 산악
보도교다. 걸을 때마다 출렁거려 스릴 넘치게 주변을
둘러싼 명산을 둘러볼 수 있다.

인생사진 촬영 tip
● 중간중간 바다를 배경으로 한 예쁜 프레임이 많다. 놓치지 말고 사진으로 남겨보자.

인생사진 tip

계단 위에 서서 사진을 담으면 조금 더
넓은 풍경을 담을 수 있다.

독창적 문화 예술 마을

부산 흰여울문화마을

'흰여울'은 봉래산 기슭에서 여러 갈래의 물줄기가 바다로 굽이쳐 내리는 모습이 마치 흰 눈이 내리는 듯 빠른 물살 같다 하여 붙여진 이름이다. 사진가들의 출사 장소로 입소문이 자자했던 이 마을은 MBC 예능 프로그램 <무한도전>, 영화 <변호인>과 <범죄와의 전쟁> 등의 촬영 장소로 쓰이게 되면서 많은 이들에게 알려지기 시작했다. 그런 만큼 흰여울문화마을에는 이곳에서 촬영했던 다양한 영화들을 한자리에서 구경할 수 있는 영화기록관 건물이 있다.

🏠 부산 영도구 영선동4가 605-3
📞 051-419-4067
ⓦ ydculture.com
📍 기차 이용 시 부산역에서 차량으로 20분, 대중교통으로 40분 거리
🅿 ① 2송도삼거리~신선동행정복지센터 양쪽 길가 주차(평일 유료/주말, 공휴일 10:00~18:00 무료)
   ② 신선 3동 공영 주차장(유료) 또는 절영해안산책로 앞 공영 주차장 이용(월~토요일 유료, 일요일 무료)

이제는 영도구 대표 관광지로 자리 잡은 흰여울문화마을의 특징은 형형색색 낡은 주택가 모습과 마을 바로 앞 절벽 아래로 부산 바다를 바라볼 수 있다는 점이다. 현재는 마을 전체가 영도의 생활을 느낄 수 있는 문화 예술 마을로 거듭났다.

흰여울문화마을을 방문할 계획이 있다면 꼭 다양한 시간대에 최소 2번 이상 방문해 보길 권장한다. 오전에는 흰여울문화마을의 동굴 포토존과 계단 포토존에서 실루엣 사진을 촬영하고, 늦은 오후에는 부산 바다로 떨어지는 일몰을 구경하자. 해가 넘어가는 모습을 보다 보면 왜 '한국 관광 100선'에 들어가 있는지 단번에 알 수 있을 것이다.

밥을 굶고 온 여행객들이라면 가파른 계단을 따라 절영해안산책로로 내려가 제주도 출신의 해녀들이 직접 잡은 해물을 판매하는 '중리 해녀촌'에서 부산 해산물의 맛을 제대로 느껴보는 것도 추천한다.

감천문화마을

흰여울문화마을에서 차량으로 20분 거리

📍 부산 사하구 감내2로 203   ☎ 051-204-1444
🅿 감정초등학교 공영 주차장 이용(유료)

흰여울문화마을과 비슷하면서 다른 감천문화마을은 부산
원도심의 대표적인 랜드마크로 한국의 마추픽추 혹인
산토리니라고 불린다. 알록달록한 건물들이 모여 마을을
이루고 있어 이색적인 여행지로 추천한다.

함께 가면 좋은 곳

다대포해수욕장
흰여울문화마을에서 차량으로 25분 거리

📍 부산 사하구 다대동 일대 ☎ 051-220-5895
🅿 다대포해변공원중앙 공영 주차장(유료)

흰여울문화마을의 푸른 바다와 예쁜 카페에서
시간을 보냈다면, 이제는 부산의 불타오르는 노을을
구경할 차례! 부산에서 노을 맛집으로 손꼽히는
다대포해수욕장에 들러보자. 썰물 시간대에 간다면 넓은
해수욕장을 마음껏 걸으며 부산 바다를 구경할 수 있다.

📷 인생사진 tip

● 조금 더 특별한 정상 인증
사진을 찍고 싶다면 일출 산행을
추천한다. 입산이 오전 4시부터
가능해 서울의 도심을 배경으로
멋진 일출을 만날 수 있다.

북한산
백운대 코스

　　서울의 경관과 역사적인 유산이 어우러진 자연 명소로 서울 북쪽에 위치해 도시 전체를 한눈에 바라볼 수 있는 지리적으로 좋은 산에 속한다. 북한산은 등산로가 다양해 전문 산악인부터 등산 초보자까지 자신의 체력에 맞는 코스로 등산할 수 있다.

🏠 등산로 입구(도선사) 서울 강북구 삼양로173길 504

📖 북한산국립공원사무소(서울) 02-909-0497
　　북한산국립공원도봉사무소 031-828-8000

🕐 하절기(3월~11월) 매일 04:00~17:00
　　동절기(12월~2월) 매일 04:00~16:00

₩ 없음

🌐 bukhan.knps.or.kr

📍 수도권지하철 우이신설선 북한산우이역에서 택시로 10분 거리

🚌 도선사 광장 주차장 이용(무료, 50~60대 주차 가능)

산행 코스로는 백운 제2 지킴터에서 출발해 바로 정상으로 올라가는 가장 빠른 코스를 추천한다. 편도 기준 1시간에서 1시간 30분이면 여유롭게 정상에 도착할 수 있어 아침 일출을 보러 갈 때 많이 선택하는 코스다. 정상의 가장 높은 곳에는 태극기가 꽂혀있으니 태극기 옆에서 인증 사진을 촬영해도 좋겠다. 각 계절이 보여주는 북한산 일출은 항상 새롭다. 특히 여름철 습도가 높은 날에는 서울 도심 위, 새하얀 구름의 운무를 만나는 특별한 순간을 마주할 수 있다.

또 다른 북한산의 재미있는 포인트는 고지대인데도 불구하고 정상 부근에서 많은 고양이를 볼 수 있다는 점이다. 경계가 심하지 않아 사람에게 다가와 애교를 부리는 모습도 종종 볼 수 있다. 만약 겨울철에 북한산을 찾는다면 백운대탐방지원센터에서 30분 정도 더 올라가면 보이는 북한산국립공원 특수 산악구조대 상황실에서 안전 장비를 무료로 대여할 수 있으니 참고하자. 단, 대여 가능 여부는 매일 다를 수 있으니 입산 전 필히 개인적으로 확인해야 한다.

놀이동산에서 즐기는 봄 축제

대구
이월드

　　단순히 놀이기구를 타기 위한 곳이 아니다. 이월드는 매년 계절에 맞는 다양한 꽃 축제를 연다. 사계절 중 특히 봄 시즌에 방문한다면 놀이기구보다는 길가에 피어있는 벚나무에 시선이 끌릴 것이 확실하다. 오전 일찍, 이월드와 함께 가기 좋은 곳으로 소개한 침산공원에서 사진을 찍은 후 이월드 83타워 전망대로 이동하길 추천한다. 이월드 83타워 전망대로 향하는 길과 전망대 주변에 벚나무가 많고 꽃이 예쁘게 피어있어 좋은 포토존이 많다.

🏠 대구 달서구 두류공원로 200

📋 070-7549-8112

🕐 평일 10:30~22:00/주말 10:00~22:00

💰 성인 49,000원/청소년(14~19세) 44,000원/어린이(36개월~13세) 39,000원

🔗 eworld.kr

📍 기차 이용 시 동대구역에서 차량으로 25분, 대중교통으로 40분 거리

🚗 이월드 놀이공원 주차장(유료) 또는 83타워 주차장(유료, 83타워 30,000원 이상 이용 고객 무료)

벚나무 포토존만 있다고 생각했다면 큰 오산! 빨간 버스, 유럽풍 올드카, 푸드트럭, 벚꽃 의자 등 봄 축제와 잘 어울리는 포토존이 많다. 누구나 알아차릴 수 있게 잘 보이는 포토존도 있지만, 건물 뒤편이나 앞서 소개한 인생사진 장소처럼 숨겨진 예쁜 포토존도 있으니 잘 찾아가 보자. 83타워 주변뿐만 아니라 이월드 안에도 보라색 사루비아처럼 특별한 꽃밭들이 있어 천천히 둘러보며 봄을 즐기기 좋은 곳이다.

함께 가면 좋은 곳

침산공원
이월드에서 차량으로 20분 거리

📍 대구 북구 침산동 1344-1 📞 053-665-4131 🅿 주차 가능(무료)

침산동 주민들이 가벼운 산책이나 운동을 하는 도심
속 공원인 침산공원은 매년 4월이 되면 전국에서 많은
사람이 찾는, 손에 꼽히는 포토 스폿으로 변한다. 입구
아주 가까이 위치한 돌계단을 따라 양옆으로 수많은
벚나무가 줄지어 있어 돌계단에 서서 각자의 다양한
포즈를 잡고 사진을 담아내기 좋다.

108층 계단식 유채꽃밭

남해 다랭이마을

　　자연과 조화를 이룬 최고의 명승지로 지정된 다랭이마을은 꾸미지 않은 자연 그대로의 아름다움을 아끼고 잘 가꿔 봄의 따듯함을 제대로 느낄 수 있는 곳이다. 다랭이마을의 논밭은 오래전 사람의 손길로 만들어졌다고 한다. 108층이 넘는 계단식 논밭이라 경사가 40도가 넘게 가팔라 걸음이 다소 무거워질 수 있지만, 바다를 바라보며 걸을 수 있는 바닷길 코스와 잠시나마 숨을 고를 수 있도록 만들어둔 해변 정자에서 보이는 풍경은 아름답고 이국적이기까지 하다.

🏠 경남 남해군 남면 남면로 702
📞 055-862-3427
🌐 darangyi.modoo.at
📍 버스 이용 시 남해공용터미널에서 차량으로 30분, 대중교통으로 1시간 30분 거리
🅿️ 다랭이마을 제1주차장 이용(무료, 만차 시 제2주차장)

📷 인생사진 tip

● 유채꽃밭에서 인생사진
찍기는 어렵지 않다. 먼저
카메라를 유채꽃과 가깝게 세운
뒤 인물이 카메라 속 중앙으로
천천히 걷는 모습을 촬영한다.
이때 포인트로 손은 앞이나
뒤로 맞잡고, 카메라보단 걷는
방향 정면이나 바다를 바라보는
것이 좋다.

다랭이마을은 봄철 도로변을 따라 피어난 새하얀 벚꽃과 비탈진 언덕을 노랗게 물들인 유채꽃이 정말 매력적이다. 게다가 논밭에 피어난 유채들을 멀리서 바라만 보는 게 아닌 옆에 서서 혹은 꽃밭 안에 들어가서 촬영할 수 있도록 만든 공간이 많다. 물론 봄이 한창일 때 인파가 몰리지만, 막상 길을 따라 유채밭으로 내려오면 논밭이 넓어 줄을 서서 사진을 찍거나 사람에 치이는 일 없이 편하게 여행할 수 있다. 다랭이마을의 논밭을 다 구경했다고 바로 다른 곳으로 이동하기보다는 도로변을 따라 피어난 벚꽃까지 함께 구경해보자. 계절별로 일출 구경, 달빛 걷기, 모내기 체험, 다랭이마을 오리엔티어링 등 자연 친화적인 체험도 운영한다.

전망대횟집 주변 공터
다랭이마을에서 차량으로 20분 거리

📍 경남 남해군 남서대로 1379 🅿 포토존 맞은편 공터 이용(무료)

횟집 주변 공터를 왜 추천하나 싶겠지만 실제로 방문해
보면 말이 달라질 것이다. 바다를 배경으로 서 있는 큰
벚나무 두 그루와 그 아래 알록달록한 의자를 보자마자
'여기는 정말 인생 포토존이다'라는 생각이 절로 든다.
또한, 사람들이 잘 모르는 곳이라 언제, 어떤 시간대에
방문해도 상관없다. 벚꽃이 만개하는 시기만 잘 맞추면
되는, 사진을 찍기에 정말 좋은 그런 곳이다.

계절별로 특색있는 꽃밭을 구경할 수 있는

철원
고석정 꽃밭

강원도 철원의 대표 꽃밭 중 하나인 고석정 꽃밭에서는 매년 봄가을 총 석 달간만 활짝 핀 맨드라미, 해바라기, 구절초, 백일홍, 천일홍, 메밀꽃, 댑싸리, 장미, 핑크뮬리 같이 계절을 대표하는 꽃들을 만날 수 있는 축제가 열린다. 꽃이 피는 시점에 개장하고 지는 시점에 폐장하기에 개장 기간이라면 언제든 꽃이 활짝 피어있다. 또한, 오후 9시까지 운영하므로 낮 시간대 방문이 어렵거나 수도권에서 당일치기로 방문해도 크게 부담되지 않는 여행지다.

🏠 강원 철원군 동송읍 태봉로 1825

📞 033-450-5558

🕐 수~월요일 09:00~21:00(매표 마감 20:00)
　　휴무일 화요일 ※우천 시 야간 개장 X

🎫 성인 6,000원/청소년 4,000원/어린이 3,000원(6세 이하 무료, 철원사랑상품권으로 환급- 성인 3,000원권/청소년 2,000원권/어린이 2,000원권)

📍 버스 이용 시 신철원터미널에서 차량으로 15분, 대중교통으로 30분 거리

🚌 주차 가능(유료)

　　꽃밭의 규모가 상당히 크고 그늘이 거의 없기 때문에 낮에 방문한다면 자외선 차단제는 필수! 깡통열차를 타고 일대를 돌아볼 수 있으니 거동이 불편한 분과 함께 방문 시 참고하자.

　봄과 가을 모두 방문해 본, 주관적인 생각으로 확실히 가을에 피어나는 꽃들의 풍성함이나 화려한 색이 더 좋았다. 봄에는 약간 썰렁한 느낌을 받았다. 가능하다면 두 계절 모두 즐겨보는 것을 추천하지만 한 계절을 골라야 한다면 가을 시즌을 권한다.

제주도에서 제일 아름다운 공원

제주
신산공원

      제주도 도심에 위치한 공원으로 봄철이 되면 유채꽃과 벚꽃 그리고 야자수가 어우러진 이국적인 풍경을 만나볼 수 있다. 생각보다 큰 편인 데다가 공원 안에 시민들을 위한 운동 시설과 제주 복합 문화 공간이 있어 많은 사람이 찾는다. 중간에 물이 흐르는 산지천 덕분에 공원이 더욱 아름답고 매력적이다. 제주도를 여행하는 뚜벅이 관광객이 가기 좋고, 비행기 탑승 전 시간이 조금 남을 때 가볍게 갔다 오기도 좋은 공원이다.

🏠 제주 제주시 일도이동 830
📞 064-726-0885
📍 제주국제공항에서 차량으로 20분, 대중교통으로 40분 거리
🅿️ 제주영상문화산업진흥원 주차장 이용 (무료)

공원 안에는 벚꽃이 곳곳에 피어있고 유채꽃밭은 한쪽에 크게 자리 잡고 있어 발걸음을 많이 옮기지 않아도 벚나무와 유채꽃을 함께 즐길 수 있다. 개인적으로 가장 좋아하는 공간은 앞서 인생사진 스폿으로 소개한 산지천 너머 작은 농구장이다. 이곳에는 반려동물을 위한 운동장도 있다. 신산공원은 SNS를 통해 입소문을 타고 알려지기 시작했지만, 이제는 제주도 대표 벚꽃 명소 중 한 곳으로 자리매김했으며 앞으로의 봄 풍경들이 기대되는 곳 중 하나다.

함께 가면 좋은 곳

대흘보건진료소 일대
신산공원에서 차량으로 25분 거리

제주 제주시 조천읍 중산간동로 645
대흘보건진료소 맞은편 공터 또는 갓길 주차(무료)

한적하게 벚꽃을 즐기기 좋은 동네다. 특히 낙화한 벚꽃이
연못에 떨어져 분홍빛으로 물들인 모습이 고즈넉하면서도
감성을 더해준다. 그래서 벚꽃이 필 때보다는 저물어가는
시기에 방문하면 더욱 예쁜 사진을 남길 수 있다. 보건소
옆 정자에 걸터앉아 편안한 시간을 보내기에도 좋다.

● 일몰 시간대 노들섬에는 건물 너머로
예쁜 빛이 들어온다. 이 빛들은 한강에
고스란히 비쳐 강의 물결이 주황색, 붉은색
혹은 노란색으로 변하는 날들이 많다. 이
순간을 꼭 놓치지 말고 사진으로 담아보자.

도심에서 노을을 보고 싶은
사람들에게 추천하는
서울
노들섬

　　노들섬은 한강에 있는 작은 섬으로 한남대교와 광진교 사이에 위치하며 한강을 따라 산책로와 자전거 도로가 연결되어 있어 시민들이 쉽게 접근할 수 있다. 현대미술과 자연을 결합한 독특한 문화 공간으로 계절과 시기에 따라 시민들이 예술과 문화를 즐길 수 있도록 예술 작품을 자주 전시한다. 또한, 문화 예술 행사나 잔디광장에서의 페스티벌을 개최하는 등 다양한 즐길 거리를 제공한다.

⌂ 서울 용산구 양녕로 445
☏ 02-749-4500
🖈 nodeul.org
📍 서울지하철 1호선 용산역 또는 신용산역 또는 9호선 노들역에서 대중교통으로 10분 거리
🚗 주차 가능(유료, 홈페이지에서 실시간 주차 현황 확인 가능)

　　노들섬은 자연환경을 즐기기에도 최적의 장소. 한강을 따라 조성된 산책로나 자전거 도로를 따라 가볍게 운동하며 노들섬 주변의 푸르른 풍경이 어우러진 공간에서 휴식과 즐거움을 누릴 수 있다. 또한, 피크닉과 도심 속 일몰을 즐기고 싶다면 노들섬만큼 완벽한 곳은 없을 것이다. 겨울을 제외한 다른 계절에는 많은 사람이 잔디광장에 피크닉을 나와 일몰을 구경하는 모습을 쉽게 볼 수 있으니 노들섬 특유의 분위기와 감성에 취해보자. 밤이 되면 노들섬에서는 한강대교, 여의도 63빌딩, 올림픽대교 등 서울 도심의 랜드마크라고 할 수 있는 건축물에 조명이 켜진 화려한 야경도 마주할 수 있다.

용양봉저정공원

노들섬에서 차량으로 5분 거리

📍 서울 동작구 본동 산3-9 🅿 주차 가능(무료)

노들섬에서 다리 하나만 건너면 갈 수 있다. 노들섬에
너무 많은 사람이 몰리는 날이나 주차 공간이 없을 때
방문해도 좋겠다. 서울의 일몰과 야경을 즐기기에 충분한
곳이며 청년 카페 시설이 있어 실내에서도 노을을 구경할
수 있다.

경기도에서 서울의 야경을 바라볼 수 있는

경기
남한산성
서문전망대

　　남한산성은 2014년 6월 22일, 우리나라에서 열한 번째 유네스코 세계문화유산으로 선정된 곳이다. 조선시대에 건립되어 국가 안전을 위해 사용되었던 남한산성은 현재 그 역사적 가치와 아름다운 자연경관으로 국내외 많은 관광객이 찾는 여행지로 자리 잡았다. 남한산성에는 총 12.4km에 달하는 성곽이 잘 보존되어 있으며, 성곽을 쌓은 모습이 제각기 다른 것이 특징이다. 남한산성 둘레길을 따라 올라가다 보면 서문전망대가 있는데, 여기에서는 롯데타워와 남산서울타워를 비롯해 서울 도심을 한눈에 바라볼 수 있다.

🏠 경기 광주시 남한산성면 남한산성로 780번길 105
📞 031-8008-5155(남한산성세계유산센터)
🌐 gg.go.kr/namhansansung-2(경기도남한산성세계유산센터)
📍 서울지하철 8호선 남한산성입구역에서 차량으로 15분, 대중교통으로 40분 거리
🅿 주차 가능(유료, 야간 20:00~09:00 및 30분 이내 출차 시 무료)

📷 인생사진 tip

• 빛이 충분하지 않기에 삼각대는 필수! 또한, 전망대에서 롯데타워까지의 거리가 먼 편이니 카메라 렌즈는 최소 70~200의 망원 렌즈를 사용하는 게 좋다. 일몰 혹은 야간 촬영 시 카메라 세팅 값은 조리개 f8~11/셔터 스피드 2초 이상/iso 100~400으로 잡은 뒤 셔터 스피드를 조정하며 촬영해 보자.

남한산성의 볼거리는 크게 세 가지가 있다. 성곽, 수어장대, 행궁으로 각 볼거리는 옛 문화를 가까이서 들여다볼 수 있다는 점에서 특히 좋다. 서울에서 상대적으로 접근이 쉬운 역사적 공간이니 가족, 친구, 연인과 함께 가벼운 마음으로 방문해 보길 추천한다. 가을에는 여유로운 산책이나 가벼운 트래킹을 즐길 수 있는 곳이 많아 단풍을 보다 쉽고 편하게 구경할 수 있기도 하다. 남한산성의 등산 코스(탐방 코스)는 5개이며 코스별로 짧게는 1시간, 길게는 3시간 이상 걸린다. 또한, 특유의 일몰 빛을 전망대에서 바라볼 수 있어 일몰을 보러 많이 찾는다. 만약 일몰 또는 일출을 구경할 계획을 세우고 방문한다면 '남한산성 도립공원 서문전망대' 방면에 자리 잡으면 편리하다.

함께 가면 좋은 곳

카페 숨

남한산성에서 차량으로 15분 거리

경기 광주시 남한산성면 오전길 108-11　0507-1347-8574
매일 10:00~21:00(라스트 오더 20:30/단, 영업 마감 시간은
계절별 탄력 운영)　주차 가능(무료)

남한산성 근처에 위치한 초대형 카페로 산속에 위치해
도시의 소음과 분주함에서 잠시나마 벗어나 여유로움을
느낄 수 있다. 날씨에 따라 분위기가 다르니 맑은 날이
아니라 흐리거나 비가 온다고 해서 방문을 망설일 필요가
없다. 늦은 시간 조명이 켜진 모습도 상당히 매력적이어서
남한산성에서 일몰을 구경 후 들러보는 것도 좋은
방법이다.

광활한 갯벌 위 갈대가 한가득

순천만습지

여의도 면적의 약 2배에 달하는 국내 최대 규모 갈대밭과, 그 5배에 달하는 광활한 갯벌로 이루어진 순천만습지는 우리나라에서 가장 자연 생태적인 곳이다. 덕분에 순천만 습지에서는 국제적인 희귀조와 천연기념물로 지정된 조류들을 직접 볼 수 있다. 주변에 가려지는 건물이나 산이 없어 갈대밭 너머로 저물어가는 일몰을 구경하기에도 안성맞춤 이다. 참고로 가끔 억새와 갈대의 차이를 모르는 분들이 있는데, 억새는 흰색 또는 은색을, 갈대는 진한 갈색을 띤다. 또한, 산에서 보이는 것들은 억새, 습지에서 보이는 것은 갈대로 쉽게 구별할 수도 있다.

🏠 전남 순천시 순천만길 513-25
📠 061-749-3114
🕐 매일 08:00~17:00
💰 성인 10,000원/청소년·군인 7,000원/어린이 5,000원
ℝ scbay.suncheon.go.kr
📍 기차 이용 시 순천역에서 차량으로 20분, 대중교통으로 40분 거리
🚗 주차 가능(유료)

갯벌과 같은 습지 위 갈대밭은 한 가지 아쉬운 점이 있다. 억새처럼 옆에 서서 찍거나 안으로 들어가 사진을 찍을 수 없다는 점이다. 나무 데크길이 생각보다 높아 갈대가 무릎 정도밖에 올라오지 않는 곳들이 대부분이기 때문이다. 하지만 순천만습지에서는 빛나는 억새들과 남해의 붉은 일몰을 함께 사진에 담을 수 있으니 일몰 시간대에 배경을 넓게 써 분위기 있는 한 컷을 남겨 보자.

만약 거동이 불편하거나 오래 걷기 힘들다면, 갈대밭에 들어가기 전 생태체험장 승선장에서 '생태체험선'을 타는 것도 좋은 방법이다. 생태체험장 승선장에서부터 S자 수로를 따라 약 30분 정도를 운항하며 수로 양옆의 갈대밭을 구경하기 좋다.

함께 가면 좋은 곳

순천만국가정원
순천만습지에서 차량으로 10분 거리

📍 전남 순천시 국가정원1호길 47 ☎ 061-749-3114
🕐 3·4·10월 08:30~19:00/5~9월 08:30~20:00
휴무일 매월 마지막 주 월요일 ₩ 성인 10,000원/
청소년·군인 7,000원/어린이 5,000원 🅿 주차 가능(무료)

순천만습지를 찾는 사람이 많아지자 순천만 훼손과 파괴를 우려하는 목소리가
커졌고 순천시는 이를 최소화하기 위해 순천만과 도시 사이에 꽃과 나무를 심어 이곳,
순천만국가정원을 만들었다. 대한민국 1호 국가 정원으로 정원 안에는 수목원을 비롯해
11개국이 참여한 '세계정원'과 여러 종류의 '테마정원' 그리고 작가와 시민이 참여한
'참여정원'이 있다. 일반적으로 생각하는 정원과는 조금 다른, 화려하면서 다채로운
볼거리를 제공해 매년 개장할 때마다 순천에서 가장 많은 관광객을 불러 모은다. 세계
여러 나라의 꽃을 구경할 수 있는데, 이 정도로 규모가 크고 다채로운 정원이 국내에
또 있을까 싶은 생각을 하게 될 정도다. 개인적으로 빙글빙글 길을 따라 올라가는 봉화
언덕과 10월의 분홍색 코스모스밭이 가장 좋았다.

순천만국가정원 추천 포토존(2023년 기준)

봉화 언덕을 배경으로
사진을 찍을 수 있는 **호수정원**

중국정원과 꿈의 다리 사이에 위치한
코스모스밭

풍차와 꽃을 함께 담을 수 있는
네덜란드정원

가든스테이 순천
봉화 언덕

이국적인 정취의
수원
월화원

중국 광둥 지역 특색을 살린 전통 정원을 우리나라 도심에서 마주할 수 있다. 월화원은 규모는 작지만, 여러 프레임의 포토 스폿과 작은 정원이 있고 아이유, 이준기 주연의 <달의 연인-보보심경 려> 촬영지로도 알려지면서 여행객의 발길이 끊기지 않는 곳이 되었다. 사계절 중 특히 여름과 가을철에 특유의 계절감을 잘 느낄 수 있으며 효원공원 안에 위치해 가벼운 산책을 하거나 번화가로 이동해 데이트하기에도 위치가 좋은 편이다.

🏠 경기 수원시 팔달구 동수원로 399
📠 031-228-4192
🕐 매일 09:00~22:00
💰 없음
📍 서울지하철 수인·분당선 수원시청역에서 도보 20분 거리
🚗 경기아트센터 주차장 이용(유료)

천천히 걷다 보면 15~20분 정도에 한 바퀴를 다 돌아볼 수 있을 정도로 아담한 규모
이니 가벼운 마음으로 방문해 보자. 특히 월화원 안쪽 연못은 마치 거울인 듯 뚜렷하게 하
늘이 반사될 정도로 물이 맑아 반영 사진을 찍기 좋으며 미니 폭포 위 중연정이라는 곳에
서는 정원을 전체적으로 내려다볼 수 있는 낮은 전망대와 작은 석교 그리고 중국풍 집을
구경할 수 있다. 더불어 야간에는 조명들이 켜져 색다른 모습을 보여주니, 춥지 않은 계절
이라면 야간 방문도 추천한다.

스타필드 수원 별마당 도서관

월화원에서 차량으로 30분 거리

📍 경기 수원시 장안구 수성로 175 4층 ☎ 1833-9001(스타필드 대표전화) 🕐 매일 10:00~22:00 💰 무료 🅿 주차 가능(6시간 무료)

코엑스 별마당 도서관 1호점에 이어 개관한 2호점 스타필드 수원 별마당 도서관도 함께 들러보자. 휴식과 만남 그리고 책을 주제로 소통하는 문화 감성 공간으로 만들어진 이곳은 4층에서부터 7층까지 엄청난 높이의 공간감으로 처음 들어서면 목을 길게 위로 뻗어 쳐다보게 된다. 천장에 있는 다양한 원형 조형물들과 유리창 너머로 들어오는 햇살, 3층 규모 높이의 양옆 책장에 즐비해 있는 수많은 책들…. 직접 이 모습을 마주한다면 일단 핸드폰을 꺼내 사진을 찍으려고 할 것이다.

도심에서 갯벌과 염전을 구경할 수 있는 자연 친화적 공원이다. 수도권에서 여기만큼 시야가 탁 트인 곳이 있을까 생각될 정도이며, 봄에는 벚꽃놀이를, 여름에는 해수를 체험할 수 있는 수영장을, 가을에는 코스모스와 억새, 핑크뮬리 같은 가을 꽃놀이를 즐길 수 있어 가족 단위로 사계절 내내 방문하기 좋은 곳이기도 하다. 갯골생태공원 중앙에는 '흔들전망대'라는 높이 22m, 6층 규모의 목조 전망대가 있는데, 꼭대기에 올라가면 갯골습지센터와 부흥교 등 갯골생태공원 일대를 한눈에 들여다볼 수 있다. 걸어 올라가다 보면 흔들리는 듯한 느낌을 받을 수 있지만, 구조적으로는 안전하다고 하니 안심해도 괜찮다.

🏠 경기 시흥시 동서로 287
📞 031-488-6900
🌐 shsi.or.kr
📍 지하철 서해선 시흥시청역에서 차량으로 10분, 대중교통으로 35분 거리
🅿 주차 가능(승용차 전용, 유료, 시흥 시민 2시간 무료·2시간 초과 시 주차료의 30% 감면)

📷 **인생사진 tip**

● 드론으로 일출, 일몰 사진을
찍어보자. 억새가 밝은 갈색에 가까워
일출 혹은 일몰 빛을 머금게 되면
순간 억새에 진한 갈색빛이 올라오며
따뜻하면서도 감성적인 사진을
담아낼 수 있다. 가을에는 전망대를
오른편에 두고 촬영하면 노을과 함께
사진과 영상을 담을 수 있다.

갯골생태공원은 산책로를 따라 걷기 매우 좋은 곳이다. 갯골 수로가 산책로 옆이라서 서해안의 썰물과 밀물을 공원 안에서 만나볼 수 있으며 드론 비행이 가능한 지역이라 일출, 일몰 풍경을 드론으로 촬영하기에도 좋다. 게다가 반려동물과 함께 산책할 수 있으니 온 가족이 함께 방문해 보자.

함께 가면 좋은 곳

시흥프리미엄아울렛
갯골생태공원에서 차량으로 10분 거리

📍 경기 시흥시 서해안로 699　📞 1644-4001
🕐 하절기(5~10월) 월~목요일 10:30~21:00, 금~일요일 및
공휴일 10:30~21:00 동절기(11~4월) 월~목요일 10:30~20:30,
금~일요일 및 공휴일 10:30~21:00　🅿 주차 가능(무료)

복합 쇼핑몰과 문화 공간이 공존하는
시흥프리미엄아울렛은 중심인 센트럴가든에서 매년
계절별로 다양한 이벤트를 진행하고 있기에 사랑하는
가족, 연인, 친구들과 함께가기 좋다. 실제로 가을에는
할로윈 축제, 겨울에는 크리스마스 축제 등 계절별로
진행되는 큰 축제를 만나 볼 수 있다. 하나의 공간에서
쇼핑과 문화 생활을 즐기고 싶다면 갯골생태공원과 함께
방문해 보길 추천한다.

📷 인생사진 tip

• 양떼목장 곳곳에 서 있는 큰 나무 아래에서 사진을 찍어보자. 눈 내린 겨울 풍경과 나무 위 풍성하게 쌓여있는 눈 조합은 사진을 더 겨울답게, 자연 풍경답게 강조해 줘 여행지에서의 순간을 잘 담아낼 수 있다.

한국의 알프스

평창 대관령양떼목장

새하얗게 눈 덮인 목장 위에서 양 떼가 움직이는 풍경을 볼 수 있는 대관령양떼목장
의 겨울. 이국적인 풍경을 자아내는 이곳에서 40분 정도 산책길을 따라 걷다 보면 양 떼가
있는 목장 옆을 지나게 된다. 약간의 경사진 길을 따라 더 올라가면 정상이라고 할 수 있는
가장 높은 곳에 도착할 수 있다. 이곳에서는 대관령양떼목장의 겨울 풍경을 한눈에 바라
볼 수 있으며 굽이굽이 늘어져 있는 겨울 산의 능선과 아름답게 눈꽃이 핀 나무 등 강원도
의 겨울 풍경을 바로 앞에서 마주할 수 있다.

🏠 강원 평창군 대관령면 대관령마루길 483-32

📱 033-335-1966

🕐 11~2월 09:00~17:00(매표 마감 16:00) 3월·10월 09:00~17:30(매표 마감 16:30)
4월·9월 09:00~18:00(매표 마감 17:00) 5~8월 09:00~18:30(매표 마감 17:30)

🐑 대인 7,000원/소인 5,000원/우대 4,000원

🌐 yangtte.co.kr

📍 버스 이용 시 횡계시외버스공용정류장에서 차량으로 10분, 대중교통으로 20분 거리

🅿 대관령양떼목장 입구 휴게소 주차장 이용(무료)

양떼목장을 방문하면 정상까지 걸어가기를 추천한다. 그렇게 힘든 길이 아닌데다, 정상에서 멋진 풍경을 다 구경하고 내려오다 보면 체험장에서 양치기견으로 유명한 보더콜리와 양들에게 먹이 주기 체험도 즐길 수 있기 때문이다. 입장료는 없고, 천 원이라는 저렴한 가격에 양들의 먹이인 건초를 구입하면 아기 양부터 어른 양까지 눈앞에서 만져보며 먹이를 줄 수 있는 시간을 가질 수 있다. 먹이를 주지 않더라도 들어가서 양들을 편하게 구경할 수 있으니 가족 단위로 여행한다면 꼭 가보길 바란다.

함께 가면 좋은 곳

전나무숲길
대관령양떼목장에서 차량으로 5분 거리

📍 강원 평창군 대관령면 횡계리 14-277
🅿️ 평창신재생에너지전시관 주차장 이용(무료)

빽빽한 전나무숲길의 아름다움을 보여주는 곳이다.
가는 방법은 아주 간단하다. 양떼목장 맞은편
신재생에너지전시관 주차장에 주차 후 대관령
숲길안내센터를 지나 기념비가 세워져 있는 곳으로
발걸음을 옮기면 된다. 기온이 높은 계절에는 차량이
통행하는 도로지만, 추운 계절 눈이 많이 내리면 차량
통행이 어려워 사람들의 발자국만 찍혀있다. 양떼목장과
가깝고 또 다른 감동을 느낄 수 있어 두 여행지를 코스로
묶어서 함께 여행하면 좋다.

보라색 아스타 국화 천국

거창 감악산 풍력단지

해발 900m에 달하는 높은 정상까지 차량으로 편하게 올라갈 수 있고, 입장료도 주차료도 없는 가성비 좋은 여행지다. 가을에 방문하면 사방이 뻥 뚫려 있는 감악산 정상을 보랏빛, 붉은빛, 하얀빛의 아스타 국화(국화과의 다년초로 보랏빛을 띰)가 물들이고 있으며 풍력발전기가 설치되어 있어 이국적인 풍경을 물씬 자아낸다.

🏠 경남 거창군 남상면 연수사길 115-103

📋 055-942-8687

📍 대중교통을 이용하기 어려운 곳이므로 자가용 또는 렌터카 이용 추천
　(버스 이용 시 거창버스터미널에서 차량으로 25분, 대중교통으로 1시간 10분 거리)

🚗 주차 가능(무료)

아스타 국화축제가 진행되는 10월 초에서부터 11월 초까지는 먹거리, 기념품 그리고 농특산물을 판매하는 부스가 설치되어 평소보다 축제다운 분위기가 물씬 느껴진다. 최근에는 아스타 국화 외에도 억새, 댑싸리, 구절초 같은 가을을 대표하는 식물들을 만날 수 있으며, 웰니스 체험장과 전망대에서 아스타 국화를 한눈에 들여다볼 수 있다.

가을에는 특히 더 멋진 일출과 일몰을 만날 수 있을 뿐만 아니라, 다른 계절에도 풍경이 정말 아름답기에 사진작가들에게 인기 있는 촬영지이다. 일몰 시각에 맞춰 사진을 찍었다면 감악산에서 조금 더 시간을 보내고 해가 저물고 난 뒤 진행되는 미디어 파사드까지 구경하고 돌아가도 좋겠다. 드론 촬영도 가능한 곳이어서 다양한 구도로 사진과 영상을 담아낼 수 있다. 맑은 날에는 은하수 촬영도 가능한 곳이라 이른 새벽부터 사진을 찍고 있는 분들도 꽤 많이 보인다. 게다가 정상에서 차박을 할 수 있다고 하니, 차박 마니아라면 꼭 한번 찾아보기 바란다.

인천 금풍양조장

한적한 마을에 위치한 금풍양조장은 1931년 이전 일제강점기에 지어진 일본식 옛 목조건물을 그대로 보존하고 있으며 한결같은 방법으로 막걸리를 만들고 있는, 강화도 전통주의 역사를 그대로 간직한 양조장이다. 금풍양조장에는 마스코트 견(犬) 금풍이가 있다. 강형욱 동물훈련사가 출연한 프로그램에 소개된 적도 있는 유명한 강아지이다. 그 외에도 막걸리를 직접 만들 수 있는 체험 투어가 있어 아이와 함께 방문하기에도 좋다.

🏠 인천 강화군 길상면 삼랑성길 8

📋 070-4400-1931

🕐 월~목요일 12:00~17:30/금~일요일 11:00~18:00
　　휴무일 생산 일정에 따라 변동

🚫 없음

📷 instagram.com/on_sul

📍 인천광역시지하철 인천 2호선 마전역에서 차량으로 40분, 대중교통으로 1시간 거리

🅿 2~3대 주차 가능(무료)

백 년의 역사를 가진 대형 양조장을 떠올리고 방문하면 생각보다 작은 규모에 놀랄 수 있다. 1층과 2층, 2개의 공간이 있는데 1층은 막걸리를 시음하거나 제조 원료를 직접 볼 수 있고 양조장에서 만들어진 '금풍양조'와 '금학탁주Gold, Green, Black', 총 4종의 막걸리 및 직접 업사이클링한 패키지나 금풍 인센스, 금 술잔 같은 금풍양조장의 굿즈를 구입할 수 있다. 특별한 체험으로 순금 24K 금빛 잔에 4종의 막걸리를 시음할 수 있으며 시음하는 중간중간 막걸리들에 대한 설명을 자세하게 해주시니, 술을 좋아한다면 시음은 놓치지 말고 참여해 보자.

2층은 양조장 투어와 오랜 세월의 역사를 구경할 수 있는 공간으로 최근에는 복원 공사가 진행되고 있어 방문 전 2층 공간을 구경할 수 있는지 확인하는 것이 좋다.

함께 가면 좋은 곳

강화도 동막해변 분오리돈대
금풍양조장에서 분오리돈대까지 차량으로 25분 거리

동막해변 인천 강화군 화도면 해안남로1481
분오리돈대 인천 강화군 화도면 동막리1
032-937-4445(동막해변)/032-930-3032(분오리돈대)
주차 가능(유료)

세계 5대 갯벌 중 하나로 꼽히는 강화도의 동막해변은
썰물 때 비로소 해변의 진짜 모습을 마주하게 된다.
걸어서는 도저히 갈 수 없을 정도로 끝없이 펼쳐진 갯벌이
나타나면서 여러 다양한 바다 생물을 관찰할 수 있다.
덕분에 어린아이들과 함께 체험을 하기에 좋은 여행지 중 한
곳이다. 특히 서해의 일몰을 아름답게 바라볼 수 있는 곳 중
가장 넓은 해수욕장으로, 해변을 중심으로 양옆으로 캠핑을
할 수 있는 장소가 마련되어 있다. 해수욕장 왼편으로는
분오리돈대라는 흙이나 돌로 쌓은 소규모 성곽을 만나볼 수
있으니, 동막해변과 함께 방문하는 걸 추천한다.

바다를 메워 만든 인공 섬

송도
센트럴파크

송도국제도시를 대표하는 국내 최초 해수 공원으로 그 크기는 여의도 공원의 약 2배 넓이에 달한다. 센트럴파크는 우리나라의 산맥을 표현한 언덕과 바다를 표현한 호수가 매력적이다. 특히 공원 중심을 가로지르는 호수는 해수를 끌어들여 만든 인공 호수다. 그 위로 카약 및 수상 택시와 보트가 다닌다.

해가 지고 나서부터 시작되는 센트럴파크의 야경은 특별하다. 호수 위를 떠다니는 여러 대의 보트와 카약 그리고 하늘 높이 쏘아주는 조명들로 인해 여느 야경과는 다른 경관을 자랑한다.

🏠 인천 연수구 컨벤시아대로 160
📞 032-456-2860
🕐 평일 10:00~19:00/주말 10:00~21:00
💰 무료
🌐 insiseol.or.kr/park/songdo
📍 인천광역시지하철 인천 1호선 센트럴파크역에서 도보로 5분 거리
🅿 호수와 가장 가까운 송도 중앙공원 주차장 이용 추천(유료)

📷 인생사진 tip

• 깜깜한 밤 호수 위를
촬영할 때는 보트가 계속해서
움직이며 조명 방향이 계속
바뀌어 삼각대에 두고 장노출
촬영이 어려운 스폿이다.
가능하다면 카메라가 흔들리지
않도록 세팅하여 최대한
흔들림이 없게 찍어보자.

　　센트럴파크는 송도를 방문하면 꼭 가봐야 할 야경 명소로 빠지지 않으며 미래 도시에 온 듯한 높은 건축물로 인해 넓은 호수 공원을 중심으로 펼쳐지는 여러 장면을 만나볼수 있는 곳이다. 만약 이런 풍경을 더 감성적으로 즐기고 싶다면 보트하우스에서 신데렐라보트, 문보트, 플라워보트 중 마음에 드는 것을 하나 골라 타고 호수 위를 유유자적 돌아다니며 구경을 해보는 것도 좋은 방법이다.

　　선셋정원, 감성정원, 초지원, 산책정원, 테라스정원 등 각기 다른 특색을 가진 공간이많으니 시간을 넉넉히 잡고 방문하길 추천한다.

트리플스트리트 Triple Street

센트럴파크에서 차량으로 10분 거리

📍 인천 연수구 송도과학로 16번길 33-4 ☎ 032-310-9400
🕐 매일 10:30~22:00 💳 무료 🅿 주차 가능(무료)

송도의 야경을 더욱 화려하게 담을 수 있는 곳으로 많은
사진가의 발걸음이 끊이지 않는 곳이기도 하다. 낮과는
달리 밤에는 바람에 따라 흩날리는 기다란 천 조각에
화려한 조명 빛이 더해져 보다 아름다운 장면이 연출된다.
높은 층고로 시원한 개방감을 더해주며 1층에는 여러
식당과 문화센터가 즐비해 있어 즐길 거리도 선사해 준다.

500살이 넘은 은행나무를 볼 수 있는

서울 성균관대학교 명륜당

　　성균관 유생들이 학문을 배우던 이곳이 천연기념물 59호로 지정된 은행나무로 인해 여행지로써도 인기가 정말 많아졌다. 500년이 넘은 문묘 명륜당 앞 은행나무는 육이오 전쟁 폭격에도 살아남았다. 실제로 보면 그 크기가 엄청난데, 이렇게 큰 은행나무들이 여러 그루 있다 보니 성균관을 들어서기 전부터 은행나무의 모습을 볼 수 있을 정도다. 은행나무를 비롯한 다양한 배경의 사진 명소가 있는 가을철 인기 촬영지이다.

🏠 서울 종로구 명륜3가

🕐 3~10월 09:00~18:00　11~2월 09:00~17:00

💰 없음

📍 서울지하철 4호선 혜화역에서 차량으로 5분, 도보 20분 거리

🅿 성균관컨벤션웨딩홀 주차장 이용(유료) 또는 명광교회 옆 공영 주차장 이용(유료)

　　물론 가을철에는 정말 많은 사람이 몰려 짧게는 10분 길게는 30분 이상 줄을 서서 사진을 찍어야 하지만, 매년 가을마다 이곳을 찾아가는 나로서는 그 정도 기다림의 가치는 충분히 있다고 생각한다. 도심에서 이런 은행나무를 보기란 쉽지 않을뿐더러 나무 밑 포토존은 물론이고 돌담 위 포토존까지 만들어져 있어 사진을 찍고 찍히는 걸 좋아하는 분들에게 매력 있는 포인트이기 때문이다. 하나의 팁으로 만약 은행나무 아래에 사람이 너무 많다면 대성전 담장 너머로 은행나무와 함께 사진을 찍을 수 있는 포토 스폿을 가보자. 여기가 바로 앞서 말한 돌담 위 포토존이다. 참고로 여기는 양쪽 돌담 위에서 모두 촬영할 수 있으니, 줄이 짧은 쪽을 선택하거나 배경을 보고 취향에 맞춰 선택해도 된다.

함께 가면 좋은 곳

남산서울타워
명륜당에서 차량으로 30분 거리

📍 서울 용산구 남산공원길 105　☎ 02-3455-9277
🕐 평일 10:30~22:30/주말 및 공휴일 10:00~23:00(매표 마감 폐장 30분 전)　🎫 없음/전망대- 대인 21,000원/소인 16,000원
🅿 남산케이블카 민영 주차장 이용(유료) 또는 서울특별시 공영 주차장 이용(유료, 케이블카 매표소까지 도보 5분 거리)

가을을 눈앞 가까이에서 구경했다면 이제는 높은
곳에서 구경할 차례! 명륜당 은행나무가 한창일 때,
남산서울타워 전망대까지 향하는 길 주변도 울긋불긋한
단풍이 한창이기에 곳곳에서 가을을 마주할 수 있다.
또한, 서울을 360도로 바라볼 수 있는 전망대에 올라서면
서울의 가을을 한눈에 담을 수 있어 입장료가 조금
비싸지만, 가을이나 봄철에는 꼭 한 번 전망대를 이용해
보길 추천한다.

📷 드론 사진 촬영 tip

● 파사성 정상에서 길게 뻗은
돌과 함께 남한강을 배경으로
사진을 담아보자. 일교차가 심한
날에는 남한강 위로 물안개와
같은 구름이 올라와서 이색적인
장면을 포착할 수 있다.

여주 파사성

파사성은 최근 각광받고 있는 수도권 여행지로 약간의 경사진 길을 따라 20~30분 정도만 올라가면 정상에 도착할 수 있는 가성비 좋은 여행지 중 하나다. 파사성에는 삼국 시대에 축성된 산성이 곳곳에 남아있어 일반적인 둘레길과는 조금 다른 모습이다. 수많은 바위가 마치 뱀처럼 길게 뻗어 올라가 있는 성벽길이 정상으로 향하는 내내 펼쳐져 정말 웅장하다. 자연을 최대한 보전한 곳인 만큼 성벽 너머로는 바로 가파른 절벽이 이어져 가로등과 같은 빛이 없기에 만약 일출, 일몰 혹은 어두운 시간에 산책을 한다면 안전에 유의해야 한다.

🏠 경기 여주시 대신면 천서리
📍 서울지하철 경의·중앙선 양평역에서 차량으로 20분, 대중교통으로 45분 거리
🅿 파사성지 주차장(파사성과 가장 가깝고 가장 짧은 산행 가능, 무료)

파사성은 주변에 막혀있는 것들이 없다 보니 뻥 뚫린 시원한 전망을 자랑한다. 이런 경치는 산길을 오르다 보면 제일 먼저 남문터 일대에서 만날 수 있는데, 여길 조금만 더 올라가면 성벽이 발목 높이 정도밖에 되지 않는 곳들을 만날 수 있다. 여기서부터 여주 파사성만의 매력인 탁 트인 남한강과 이포보(4대강 사업의 일환으로 준공된 여주의 3개의 보 중 하나) 경치를 원 없이 구경할 수 있다. 체력적으로 여유가 된다면 여기서 멈추지 말고 10분 정도 거리인 정상까지 올라가 보길 권장한다. 확실히 높은 곳에서 바라본 모습은 더욱 아름답고 탁 트인 느낌이다.

함께 가면 좋은 곳

이포보전망대

파사성에서 차량으로 10분 거리

📍 경기 여주시 대신면 여양로 2001　🕐 매일 10:00~21:00
🅿️ 주차 가능(무료)

※이포보전망대는 무료지만 3층 카페에 들어가서 안쪽 계단을 통해 4층 전망대로 올라가야 한다. 카페 이용 시에만 올라갈 수 있는 것은 아니니 전망대만 이용하려면 엘리베이터를 타고 3층에서 내려 오른편에 위치한 비상구 문을 열고 올라가면 된다.

파사성에서 땀을 흘리고 체력을 뺐다면 파사성지 주차장 맞은편 이포보전망대에서 시원한 바람을 느끼며 체력 충전과 힐링 타임을 가져보자. 무료로 운용되고 있는 전망대에서 남한강과 이포보를 보다 가까이서 그리고 높은 곳에서 바라볼 수 있다.

가슴 탁 트이는 힐링 공간

평창
대관령
하늘목장

　　국내 최초의 자연 순응형 체험 목장이다. 먹이 주기 체험을 통해 다양한 동물들과 교감할 수 있으며 여러 배경의 포토존이 있어 겨울철 눈이 많이 내린 날 꼭 방문하곤 한다. 또 하나의 큰 장점은 반려동물 동반이 가능하다는 점이다. 하늘목장 어디든 반려동물과 함께 움직이며 체험을 할 수 있으며, 반려견 운동장과 반려견 산책로를 이용할 수 있다.

🏠 강원 평창군 대관령면 횡계리 470-5

☎ 033-335-1966

🕐 동절기(10~3월) 매일 09:00~17:30(매표 마감 16:30)

💰 대인 8,000원/소인 6,000원/반려견 5,000원
　　트랙터 마차 탑승권 8,000원(대인, 소인 동일)

🚫 skyranch.co.kr

📍 대중교통을 이용하기 어려운 곳이므로 자가용 또는 렌터카 이용 추천
　　(기차 이용 시 진부역에서 차량으로 25분 거리　시외버스 이용 시 횡계시외버스공용정류장에서
　　차량으로 15분 거리)

🅿 주차 가능(무료)

📷 **인생사진 tip**

● 입장 후 오른쪽 길을 따라 올라가면
숲길을 따라 걸어 올라갈 수 있는
반려견 산책길이 나온다. 인물 촬영
시 사람의 발자국이 많지 않은 나무
아래에서 포즈를 잡으면 좋다.

정말 넓은 목장이어서 걸어서 모든 곳을 구경하기는 힘이 들기도 하고 시간도 오래 걸린다. 다행히 폭설로 인해 길이 막혔거나 기상이 안 좋을 때를 제외하고는 트랙터 마차를 이용할 수 있다. 한 번 탑승 시 45분이라는 긴 시간 동안 목장을 둘러보게 되며 해발 1,000m 이상의 높이에 있는 하늘마루전망대까지 갈 수 있다. 전망대에는 산책로가 조성되어 전망대 곳곳을 비롯해 하늘목장의 여러 풍경을 만날 수 있다. 이 풍경들은 '자연이 만든 전망대'라는 이름을 가지고 있는 것처럼 어느 계절에 방문하더라도 멋지다. 만약 트랙터를 타지 않는다면 하늘목장에 있는 네 곳의 길, 가장자리숲길, 너른풍경길, 숲속여우길, 종종걸음길을 선택해서 걸어보는 걸 추천한다.

![icon] 함께 가면 좋은 곳

운유쉼터
대관령하늘목장에서 차량으로 30분 거리

📍 강원 강릉시 왕산면 안반데기길 461
🕐 기상 상황에 따라 유동적 🅿 주차 가능(무료)

배추밭 설경이 이렇게 아름다워도 되나 싶을 정도의 뷰를
가진 해발 1,100m 위의 작은 카페다. 엄청난 경치를
자랑하는 이 카페에 도착해 창가 자리를 잡고 따듯한
커피와 차를 마시면 그 어느 곳보다 행복한 시간을 가질 수
있다. 카페 앞 배추밭은 누구나 무료로 들어갈 수 있으며
자연 눈썰매장이 만들어져 있으니 꼭 한 번 타보기를
추천한다.

마을 전체가 노란색 천국

구례
산수유마을

　　매년 봄이 되면 마을 전체가 노란색 꽃밭으로 변하는 이곳에서는 꽃담길 걷기, 나들이 장터 같은 축제 행사와 더불어 상위, 하위, 반곡, 청촌, 월계마을 총 5개의 마을에서 산수유를 구경할 수 있다. 산수유마을은 여러 코스가 있지만, 집 주변, 돌담, 개울가 등 마을 곳곳에 자라난 산수유나무들이 활짝 피어난 모습을 볼 수 있는 하위마을에서 반곡마을로 내려오는 꽃 구경 코스가 구례 산수유축제 코스들 중 가장 아름답다고 할 수 있다.

🏠 전남 구례군 산동면 대평리
☎ 061-783-1039
🧭 sansuyoo.net
📍 기차 이용 시 남원역에서 차량으로 30분, 대중교통으로 2시간 거리
🚗 반곡입구 옆 주차장 이용(무료)

　　마을 옆쪽으로는 계곡이 흐르고 산책로가 이어져 있는 이른바 '산수유 군락지 산책로'가 있다. 길이 286m의 짧은 산책길이지만, 이 또한 산수유마을의 매력 중 하나다. 주말에는 셔틀버스를 운행해 조금 더 편리하게 산수유마을을 구경할 수 있으니 참고하자.

광한루원

산수유마을에서 차량으로 30분

📍 전북 남원시 요천로 1447 ☎ 063-625-4861
🕐 하절기(4~10월) 08:00~21:00 동절기(11~3월) 08:00~20:00
💰 어른 4,000원/청소년·군인 2,000원/어린이 1,500원
※18:00 이후 무료 입장
🅿 서문 공용 주차장(유료) 또는 광한루원 주차장(유료) 이용

남원 여행지 중 가장 고즈넉하다고 알려진 광한루원에는
밀양의 영남루, 진주의 촉석루, 평양의 부벽루와
함께 한국 정원을 대표하는 누각인 '광한루'가 있다.
'광한루원'은 중심 누각(광한루)과 그 일원의 연못과
나무를 통틀어 지칭하는 이름이다. 낮과 밤 모두 풍경이
아름다우며 특히 호수와 나무를 비추고 있는 형형색색의
조명들이 켜지는 야경이 정말 예쁘다. 봄, 여름 계절에
간다면 낮 시간대를 그 외에 계절에는 밤의 야경을
즐겨보길 추천한다!

Collect 29

남는 건 ⊕ 사진뿐일지도 몰라

1판 1쇄 인쇄 2024년 05월 10일
1판 1쇄 발행 2024년 05월 20일

지은이 서영길
발행인 김태웅
기획편집 김유진, 정보영
디자인 렐리시
마케팅 총괄 김철영
마케팅 서재욱, 오승수
온라인 마케팅 양희지
인터넷 관리 김상규
제작 현대순
총무 윤선미, 안서현, 지이슬
관리 김훈희, 이국희, 김승훈, 최국호
발행처 ㈜동양북스
등록 제2014-000055호
주소 서울시 마포구 동교로22길 14(04030)
구입 문의 전화 (02)337-1737 팩스 (02)334-6624
내용 문의 전화 (02)337-1734 이메일 dymg98@naver.com

ISBN 979-11-7210-041-4 13980